灵魂需安抚生命才从容

抚慰你的心灵

主编 拾 月
编著 马志阳

图书在版编目(CIP)数据

灵魂需安抚 生命才从容：抚慰你的心灵 / 冯军编著. -- 北京：现代出版社, 2014.10（2024.12重印）
ISBN 978-7-5143-2787-8

Ⅰ. ①灵… Ⅱ. ①冯… Ⅲ. ①人生哲学－青少年读物
Ⅳ. ①B821-49

中国版本图书馆 CIP 数据核字(2014)第 236752 号

灵魂需安抚 生命才从容：抚慰你的心灵

主　　编	拾　月
编　　著	冯　军
责任编辑	王敬一
内文制作	诚美天下文化传播有限公司
出版发行	现代出版社
地　　址	北京朝阳区安外安华里 504 号
邮　　编	100011
电　　话	(010)64267325
传　　真	(010)64245264
邮　　箱	xiandai@cnpitc.com.cn
网　　址	www.1980xd.com
印　　刷	唐山富达印务有限公司
开　　本	700mmx1000mm　1/16
印　　张	9
版　　次	2014 年 8 月第 1 版　2024 年 12 月第 4 次印刷
书　　号	ISBN 978-7-5143-2787-8
定　　价	57.00 元

前言

青少年是社会的宝贵财富，是人类的希望和未来，正所谓“少年强则国强”。为此，大至一个国家、一个民族，小至一个家庭、一个家族，都特别重视青少年的教育问题。希望他们成为社会的中坚，家族的骄傲。一句话，就是希望他们成为成功的人。于国，能成为有用的人才；于家，能成为顶梁柱。不仅仅要学习好，还要有辨别人世间善、恶、美、丑的能力。在每个人的人生中，除了需要自身的因素之外，还需要拥有感受世界的能力。

包容、快乐，是旅途之中的包囊，时刻给予我们心灵的养分。

自责、抚慰，是对那些过往的积淀、筛选，去其糟粕，取其精华。

简约、坚持，是对人生最大的尊重，是对生命最好的诠释。

放弃、放下，是心灵深处的温度计，是心灵最惬意的悠然假期。

完美、舍得，是对生命、对梦想、对人生的终极追求。

青春，是人最美好的一段时光，也是人格、性格定型的重要阶段，在这个时期，我们需要享受青春的快乐，同时也需要完成自我塑造。通过心理自助，最终从一个小男生、小女生逐渐成长为一个有着健全人格的人，成长为一个对社会、对家庭、对自我有着相对完整认知的人，成长为能够为自己的未来做主的人。这才是一个最充实、最有价值的青春。每个梦想都值得我们认真对待，每个青少年都是未来的希望。在青春中我们不仅要有欢乐，同时也要拥有未来！

本丛书是你化解烦恼的“心灵鸡汤”，可以给你快乐的心理自助；本丛书会让你认识到：掌控心理，方能掌控世界；改变自己，才能改变一切。本丛书还将告诉你：只有实现积极的心理自助，才能收获快乐而充实的青春。

目录

第一篇 善待自己：心中的牢笼等待被开锁

第二篇 活在当下：坦然面对韶光如梦的人生

第三篇 悠然自在：不必苦寻应该遗忘的沉重

目录

第四篇 勇往直前：亲尝雨露以感受生命的丰美

第五篇 淡看起伏：每粒尘埃都有它的归处

第一篇

善待自己：心中的牢笼等待被开锁

学会爱自己，才能勤于律己、矫正自己，才能明白自己的责任。人的一生如此漫长，总有许多时候没有人会督促我们、叮咛我们、指导我们。即便是自己最亲爱的人也不可能时刻伴随我们。这时候，我们要学会亲手为自己修枝打杈浇水施肥，把自己培养成为一棵树。

风雨人生中要懂得爱自己

故事话题

克里斯蒂娜出生于阿根廷的一个普通工人家庭。她不仅美丽，更爱美。每次出门，她总是要把自己打扮得漂漂亮亮的。因此，无论克里斯蒂娜走到哪里，都会有醉倒的目光。

母亲很反感克里斯蒂娜如此注重自己的外表，她说："一个女孩子过于注重自己，这很不好。我希望你能把所有的精力都用到学习上来。"父亲这时候却笑了："爱自己，才能爱别人。女孩子本来就是一朵花，就要美得鲜艳，美得靓丽。"母亲这时候也笑了："老头子，我看你非要把女儿惯坏不可！"

可是父亲的疼爱并没有把克里斯蒂娜惯坏，她以优异的成绩考上了拉普拉塔大学法学系，她的美丽与娇艳让她很快就成为学校里一道靓丽的风景，这赢得了很多男生的追求。可是，那些男生很快就全部败下阵来。她是一朵花，可是她不是那种随意被人采摘的花儿。克里斯蒂娜永远牢记着父亲的话：爱自己，才能爱别人。她不仅深爱着自己美丽的身材和外表，更爱自己的品德和灵魂。于是，男同学们送给她一个绰号："刺玫瑰"。

然而，当真爱降临，“刺玫瑰”却不顾一切地把爱情抓住了。他叫基什内尔，相貌平平，却才华横溢。可最让克里斯蒂娜芳心暗许的是他表现出来的对政治的感兴趣。两个有着共同兴趣的人，在一起便仿佛有怎么也说不完的话。克里斯蒂娜认为，这才是爱情。

大学毕业，克里斯蒂娜与基什内尔结婚了，生有一儿一女。1983年，夫妻俩双双步入政坛，克里斯蒂娜成功当选阿根廷联邦议员。

2003 年，基什内尔当选为阿根廷总统，克里斯蒂娜也就成为了第一夫人。她不仅展现出了第一夫人应有的卓越政治才能和交际才能，还将她美丽的身姿展示给了阿根廷人民，展示给了全世界。她成为全世界

最美丽最善良的“国母”，成为了基什内尔最得力的助手。2007 年，基什内尔任期期满，克里斯蒂娜开始从幕后走向前台，竞选阿根廷总统。

克里斯蒂娜要竞选总统的消息传出后，全国人民欢腾起来，同时，也引起了政敌的恐慌。反对派大肆攻击克里斯蒂娜的奢侈，说她的劳力士腕表价值不菲，居然达到 2 万美元，说她身上的装饰价值一辆小汽车，说她有 365 双鞋子，每天都可以更换一双了。反对派最后总结说，这样一个华而不实的女人是不可以成为阿根廷的总统的。面对质疑，克里斯蒂娜表现得很坦诚。她对选民说，是的，他们说的都是事实。可是，爱美有什么错？只有爱自己，才能爱别人，爱祖国，爱人民。难道大家希望选一个邋遢的人做总统吗？不仅如此，克里斯蒂娜还将自己靓丽的照片传到网上，通过网络来帮自己助选。

克里斯蒂娜用她美丽的外表、富有感染力的演讲，赢得了很多选民们的认可。在第一轮的竞选中，克里斯蒂娜就以高票胜出。竞选还没结束，对手就偃旗息鼓，祝贺她当选总统。克里斯蒂娜在她领导阿根廷人民的 4 年间，克服了全球金融危机，使经济建设取得了重大成就，还降低了失业率。她的努力赢得了阿根廷人民的认可和赞颂。2011 年 10 月 23 日，克里斯蒂娜以 53%的得票率获得连任。

故事解析

漫漫人生路，我们首先要懂的就是爱自己。如果你能够尊重自己、热爱自己，那么，你就可以像克里斯蒂娜那样，成为一个受人爱戴的人。

学会爱自己，会让我们在孤立无援的时候，在必须独立穿行漆黑雨夜的时候，在我们独立支撑着苦难的时候——每天送自己一束鲜花，给自己一个微笑。坚强、潇洒、完美地活下去。

故事穿越

威廉在出生时便患上皮肤癌，全身表面超过百分之五十的皮肤都是黑素瘤，布满了斑点。医生曾说他活不了多长时间，但是之后他活过了5岁、7岁、11岁。然后，医生再也不审判他了，只是每次都说他会比一般人短命。

现在他28岁了。医生对他说，黑素瘤可以医治，但他的黑素瘤不可能完全医治。所谓的完全医治的意思就是：他需要换皮肤，而这大约需要10多年的时间。

最终，他决定用自己的方法与皮肤癌相处。他说："直到这一刻，我仍然深爱着我的恶性黑素瘤，纵使我们经常经历生死。没有它，就肯定没有今天的我，所以我常常谢谢它，感激它一直在我身边。我想与它活在一起，直至世界末日。"

几年前，他让摄影师拍下他的裸照并公开，他说做这件事情的其中一个原因，是他希望用自己的身体现状让别人坦诚地面对他们自己的身体。

他并没有希望他们接受他。他说："只要他们自己面对自己就好，他们就算经历了也大可不接受或忘记这段经历，但也希望他们给自己向自己坦白的一个机会。"

他从不服用任何药物，不做任何电疗化疗，他觉得，身体出现病症并且可以感到疼痛等是相当幸福的，因为你仍可以和身体沟通，这种感觉都像和身体谈恋爱一样亲密美好。

因为身上的黑素瘤大都没有毛孔，所以他特别怕热，身体特别难散热，他说应该与狗差不多。每当与全身的瘤接触时，他都会感觉到痛，每走一步都会痛，像走石头路一样。此时，他告诉自己，无论做什么，都不能违背他的信念--没有任何人应该被遗弃。

他曾在国际组织邀请下到希腊跑马拉松，以此来帮助癌友筹款。同样的，他也参加了香港的马拉松。他说："既然每一步都得来不易，那就要把这感觉好好发挥，不然就白痛了。"

"我很幸运，自小相信有能力便有价值。人应该专注自己的梦想，不要被世界的价值观或面包影响，我深信想先有面包才有梦想的人，他的梦想永难实现。实践梦想的人，最少也能有面包医肚，因为天生我材必有用。"

故事微语

威廉提醒我们，痛和自爱可以崇高地并存。假如你无法变成山顶上的高松，那就做棵两山之间的低凹里的小树吧，但要当一棵最好的小树。爱自己的一种表达就是做最好的自己，心甘情愿地帮助别人。当病痛无情地折磨着我们的时候，还可以想到此时可以为别人做点什么，是一种怎样的爱？

学会爱自己，是对自己的一种尊重，这让我们的生命更加丰满和健康，也让我们成为自己精神的主人，人生风风雨雨，爱自己是对生命最好的尊重方式。

心灵箴言

自我热爱远非缺点，这种定义是恰当的。一个懂得恰如其分地热爱自己的人，一定能恰如其分地做好其他一切事情。

——[加拿大] 哈利法克斯

基于人性的平等自己爱自己“自爱”：对自我的性格、发展的认可是关爱他人的基础。知道什么对自己是好的，才会知道什么对别人是好的人人平等，包括我在内。

——陈果

女人什么时候开始享受？无数的女人，在慷慨大度地向人间倾泻爱的时候，她们太不爱一个人了——那就是她们自己。女人们，给自己留一点享受的时间和空间吧。不要一拖再拖，不要一等再等。

——毕淑敏

心若安好，便是晴天

故事话题

赫伯特·克拉克·胡佛曾就任美国总统，他是美国历史上最受人尊敬的人物之一。

有人向他提出这样一个问题："你一度成为美国人批评的中心人物，几乎所有的人都反对你，对你的言行举止嗤之以鼻。但是现在你是美国政界的元老，两大政党的人都对你十分尊敬。当你广受大家争议时，你有没有感到生气，进而扰乱你的目标？"

胡佛回答说："每个人一生都需运用自己的头脑。当我决定从政时，我已仔细思考过从政对我意味着什么。我已掂量过将付出的代价。"

胡佛作为美国近代的一位总统，对美国产生了相当大的影响。他面对大家的争议说："我清楚地知道我将遇到最尖锐的批评。尽管这样，我仍决定走上从政之路。所以，当我碰到尖刻的批评时一点也不感到惊讶。我早已预料会有这种事，果真不假。这样，我可以平静地面对批评。"

故事解析

当别人和你意见不一致或批评你的时候，不管怎样，请尽量以你的表情、眼神和行动表明你爱他。我们身处于浊世，应当像莲花一样自持自重，坚守自己高洁的内心。心静的人不会被浮尘淹没，因为心中无尘，即便在滚滚红尘中走过一世，又怎么能沾染风尘呢？

我们应该安守自己的心性。一切繁华的背后，必然是一颗颠沛流离且散乱空虚的心。如果此时我们可以做到心静，那么我们也必然得到一个清静淡定的世界。哲人说：“世界上有许多好的东西，然而我并不留恋动心，因为自己心中已经有了好的东西；世界上也有许多不好的东西，然而我也不悲观生气，因为我心中尚有好的东西。”心若安好，便是晴天。

故事穿越

有一位心浮气躁的年轻人到河边去钓鱼，他的旁边坐着一位垂钓的老人。

二人相邻而坐，距离很近。然而，令人奇怪的是，老人家不停地有鱼上钩，水桶里面已经盛满了鱼，可是年轻人却一整天都没有什么收获。最终，他沉不住气了，说："我们两个人用的鱼饵相同，垂钓的地方也相同，为何您能有这么多的收获，而我却一无所获呢？"

老人很从容地说："是啊，年轻人，我们的鱼饵和垂钓的地方确实都相同，但是我们的心态不同啊！我钓鱼的时候心平气和，甚至都忘记了钓鱼这件事情，所以手不动，眼也不眨，鱼因此并不知道我的存在；而你因为心里只想着鱼有没有吃你的鱼饵，所以连眼都不眨地盯着鱼竿，见鱼刚上钩就立马急躁起来，心情烦躁不安，这鱼不是刚上钩，就被你吓跑了吗？"

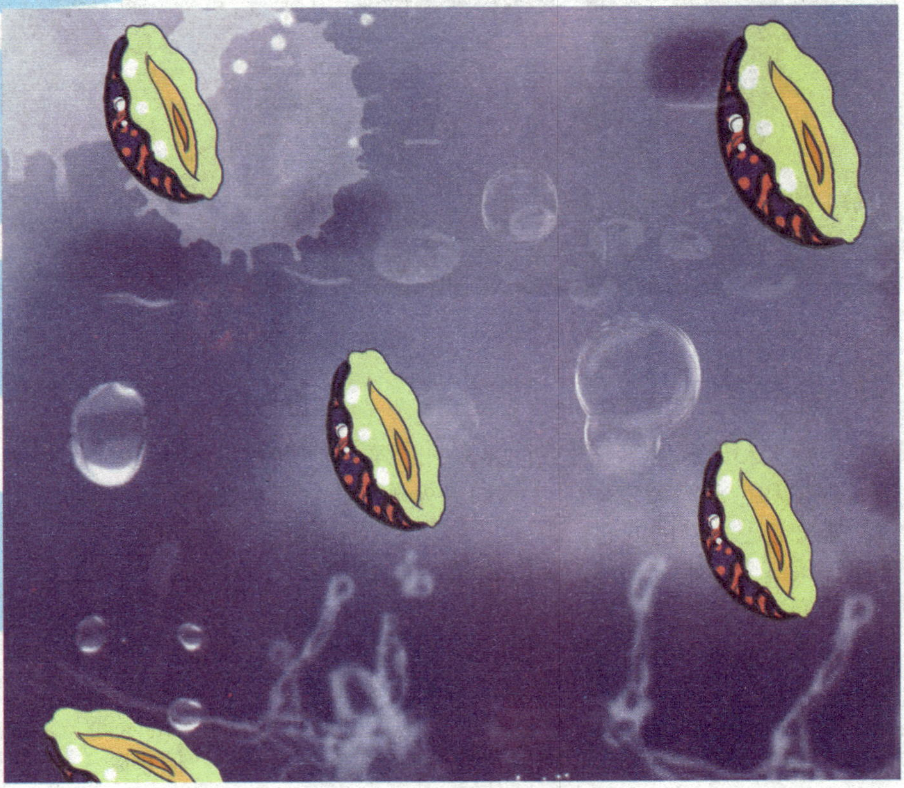

故事微语

“结庐在人境，而无车马喧。问君何能尔，心远地自偏。”静心处世的人，总是能够在茫茫俗世之中找寻到与世无争的世外桃源，总是能够及时逃离和规避世俗的烦扰，他们在浮华中克制了自己的欲望，在喧嚣中坚守了内心的沉静，在变幻莫测处保持了一份从容和淡定。人生本该如此，我们不要总是去在乎生活会带给我们什么，会为我们留下什么，而应该看看自己能不能给自己留下一颗宁静的内心。

既然跨上了人生的单车，就不要抱怨大风干扰了自己的前行；既然站在了生活的天平上，就不要抱怨环境让你的生活失衡；既然走在了前进的道路上，就不要抱怨大雾让你迷失方向。心如果安宁了，还在乎外界的风吹雨打吗？

心灵箴言

世上唯有一个真理：便是忠实于人生，并且热爱人生。

——[法] 罗曼·罗兰

我渴望随着命运指引的方向，心平气和地、没有争吵、悔恨、羡慕，笔直走完人生旅途。

——[法] 魏尔伦

一个人光溜溜地到这个世界上来，最后光溜溜地离开这个世界而去，彻底想起来，名利都是身外物，只有尽一个人的心力，使社会上的人多得他工作的裨益，这才是人生最愉快的事情。

——邹韬奋

你的灵魂，只能你一个人做主

故事话题

2011年，对于大提琴演奏家马友友来说，绝对是不平凡的一年：美国纽约市将一条新建马路命名为“马友友路”，总统奥巴马还亲自为他戴上了总统自由勋章，这可是平民的最高荣誉！

马友友的父母都是留美的华人，现在做经济研究员。从马友友出生的时候，父母就为他设计好了人生路线：做一位出色的经济人！马友友还没有学会说话，父母就已经开始教他认数字，所以他最先会说的话并不是“爸爸、妈妈”，而是“一、二、三……”，两岁时，他的父母已经开始教他学习算术。马友友在一种受命式的过程中，度过了自己的童年。读小学的时候，马友友就已经成为学校的“数学之星”，在许多数学竞赛中获得了大奖，马友友身边的人都为他而开心，但马友友自己却觉得没有丝毫乐趣可言。

一个天色不太好的傍晚，马友友在放学的路上怕被雨淋，就抄近路从一条偏静的小路上往家跑。在一幢老房子的院子外面，他听到了一种极为美妙的声音，那流水般优美的旋律很快吸引了马友友。他停下脚步朝院子里面望去，看见一位老人正在拉大提琴，那位老人此时的神情无比陶醉，身体都随着音乐的节奏，轻轻的晃动起来，眼前的画面让马友友轻叹了一声：“如果我能奏出这么美妙的音乐该多好啊！”就在此时，马友友发现自己深深地喜欢上了音乐！

没多久，那位老人就发现了马友友，他将马友友请进了院子，在演奏了许多美妙的歌曲之后，还给马友友讲了许多关于音乐的动人故事，这些使马友友完全迷恋上了音乐。此后，他时常“逃学”，溜到老人那里去听音乐，学拉大提琴。结果可想而知，他的数学成绩在下降，很快，他的父母就发现了这个问题。于是他们把马友友叫到身边说：“以前的事情，只要你改正就行了，以后，你一定要用心学好数学！”

“为什么一定要学习数学？”马友友反抗着，“我并不喜欢数学！”

“你只有学好数学，才能和我们一样做一位出色的经济师，甚至可以比我们更出色，成为一位伟大的数学家！”马友友的父母这样说。

“为什么一定要和你们走同一条路呢？我觉得音乐是最能让我开心的东西，而且我认为能把自己喜欢的事情做得更好，那样我会更开心！”马友友坚定着自己的想法。他认为，自己的人生路一定要自己来掌控方向，绝不能让他人来操纵，哪怕是父母。

从此之后，马友友就经常去那位老人那里学习音乐，不久后，他的父母便被他的坚持打动了，帮他报了一个音乐培训班。任何人一旦做起自己真正喜欢的事情，进步都特别快。在中学毕业的时候，马友友就已经获得了曼哈顿全市学生音乐会的一等奖，并前往哈佛大学就读。也就在这时候，他的音乐名声逐渐大了起来，很多重要的交响乐团，其中包括钢琴家伊曼纽尔·艾克斯在内的音乐大师都向他发来邀请，和他一起演奏和表演。

在此之后的多年里，马友友在音乐路上不断探索和进步，多次受到邀请到白宫演奏音乐，而且还获得了多次的“唐大卫奖”和“格莱美奖”，成了一名国际音乐大师！2006 年，马友友被联合国任命为和平大使；2011 年，马友友与德国总理默克尔、美国前总统老布什、“股神”巴菲特一起，接受了由美国总统奥巴马亲自颁发的总统自由勋章。

当晚，马友友无比感慨地说：“自己的人生只有一个主人，那就是我们自己，行走在自己铺设的人生轨迹上，一定是最开心最能取得成就的！”

故事解析

在人生道路上徘徊的朋友们，请一定要记住：你仅仅属于你自己，没有谁可以代替你，所以不要太在意别人说什么，你要自己为自己拿主意，要做自己灵魂的真正主人！

命运掌握在自己手中，没有谁可以随意操控。人生最大的学问就是，如何主宰自己的命运，做自己的主人。能掌握自己命运的人，才是独立的人，才能称得上是自己灵魂的主人。他们有自己独立的思考，更有辨别能力，在大是大非面前，镇定自若，不需要别人的指指点点。他们的骨子里往往有一种奋起自强的精神，无所顾忌地走自己的路。

故事穿越

一位住在佛罗里达州的农民，他生活得非常愉快，他试验成功了将柠檬做成极其可口的柠檬汁。

在此之前，当他刚买下那个农场时，情绪十分沮丧，心情也十分低落。这贫瘠的土地既无法成功地种植果树，也不适合养猪。只有一些矮灌木与响尾蛇可以在这块破农场生活。后来他灵感一现，决定扭转败局，将恶果变成利益，他要利用这里的响尾蛇。于是他不顾大家的阻挠和白眼，开始着手生产响尾蛇肉罐头。

几年后，他的农庄已经平均每年有两万名游客到此参观。他的生意火爆了。他将毒液抽出后送往实验室，在提取出血清后，高价出售蛇皮生产女式皮鞋与皮包，罐装蛇肉同时也销往全世界。当地人为此感到特别地荣耀，在当地的风景卡片上邮戳印的也是“佛罗里达州响尾蛇村”。

故事微语

卡尔博士曾经把人划分为两种人格，也就是内控型人格和外控型人格。如果你认为你生活中所发生的大多数事情都是受别人的控制，而不是受自己控制，那么你就是属于外控型人格。反之就是内控型人格。

当发生灾难的时候，外控型人格的人很容易产生无助感。这种感觉会产生一种让人进入麻醉状态的无望感，这也就是绝望循环。朱尔·巴克和马汀·西里格曼有一项著名的研究，将无助和无望的关系描绘成一个反馈圈，无助使希望丧失，无望会增强无助，它们互相加强，互相促进，进而形成自己的灾难。

要改变这种状况其实很简单，那就是：从现在开始，像内控型人格一样来看这个世界，做自己命运的主宰者！

心灵箴言

有勇气做真正的自己，单独屹立，不要想做别人。

——林语堂

人们可以支配自己的命运，若我们受制于人，那错不在命运，而在我们自己。

——[英] 莎士比亚

世界上有两种人，一种人认为自己是自己得到的报酬和受到的惩罚的依据；另一种人认为报酬和惩罚是诸如运气、天气和他人等外部因素造成的。通常，前一种人较后一种人更乐观，心理能量也更强，更有可能去积极采取行动来改善恶劣的现状。所以，当问题和困境来临时，你要相信自己能掌握自己的命运，你能克服这些问题和困境并达成目标，你的心理能量就会得到更好的重聚。

——[瑞典] 卡尔

心存感恩，用微笑面对一切

故事话题

大陆和台湾两岸的十大杰出青年的一次座谈会，发言的是大陆的陈章良、孙雯和台湾的一个青年科学家。三位明星人物的发言都很精彩，但是过于报告化了，拖的时间太长。轮到他发言时，已经过了预定的会议结束时间，主持人只好宣布他只能讲 3 分钟。

他的第一句话是“日本有个阿信，台湾有个阿进，阿进就是我”。接着他给大家讲述了他的故事：

他的父母亲都是盲人，而且他的母亲还有智力障碍，除了姐姐和他，几个弟弟妹妹也都是盲人。没有能力养活自己的父亲和母亲只能当乞丐，他们住的是“死人”的墓穴，他从出生开始就和死人的白骨相伴，能走路了就陪同父母一起去乞讨。他 9 岁那年，有人对他的父亲说，你该让儿子去读书，要不然，他长大了只能继续当乞丐。父亲于是送他去读书。上学第一天，老师看他脏得很难堪，先给他洗了澡。这是他生命中第一次洗澡。为了供他读书，刚刚 13 岁的姐姐就到了妓院去卖身。于是照顾眼盲的父亲和弟妹的重担全部落到了他小小的肩上——他从不缺一天课，每天放学后便去讨饭，讨饭回家便跪着喂父母。眼盲又有智力问题的母亲每次来月经，甚至都是他给换草纸。后来，他为了可以尽早工作而上了一所中专学校，在这里他竟然获得了一个女同学的爱情。但女孩的母亲说“天底下找不出他家那样的一窝人”，甚至把女儿锁在家里，用扁担将他打出了门……

此时，他提高了嗓门：“但是，我要说，我对生活充满感恩的心情。我感谢我的父母，他们虽然眼盲，但他们给了我生命，至今我都还是跪着给他们喂饭；我还感谢苦难的命运，是苦难给了我磨炼，给了我这样一份与众不同的人生；我也感谢我的丈母娘，是她用扁担打我，让我知道要想得到爱情，我必须奋斗必须有出息……”

他就是当选台湾第 37 届十大杰出青年的赖东进，他现在已经是一家专门生产消防器材的公司里的经理。

故事解析

赖东进其实完全有理由抱怨命运之不公的人，可是他反而以一种“感谢折磨我的人”的心态去把握自己的命运，结果成全了自我。因此，我们可以这样认为，人生最重要的不是握一手好牌，而是如何把坏牌打好。

感恩是一种享用不尽的精神财富，不论是对别人还是对自己。每一缕阳光，每一滴甘露，每一次微笑，每一份关心都值得我们去感谢。我们要微笑着感恩每一位帮助过我们的人，感谢生活中向我们伸出的每一双援助之手。学会感恩，不仅是一种心态，更是一种处世之道和做人的至高境界。人生在世我们要学会感恩：感恩生命，感恩他人，感恩人生。感恩可以温暖我们的心灵、消除人与人之间的隔阂，给我们更多的快乐与勇气；感恩还可以驱散寂寞、缓解痛苦，给我们更多的友情与温馨。感恩可以让生活充满更多的欢乐与幸福，感恩能使人们得到更多的善意与宽容。

俗话说：知恩图报。中国人自古以来就有“滴水之恩，涌泉相报”的说法。这种良好的品质应该从学会感恩开始。当我们学会感恩的时候，我们就会积极地投入到生活中去，那么，感恩的美德就会在生活中历久弥香。

故事穿越

两个行走在沙漠的探险者，多日的行走使他们口渴难耐，就在这时候他们碰到了一个正在赶骆驼的老人，老人看到他们窘迫的样子，把自己仅有的一碗水送给了他们，于是他们每人都拥有了半碗水。

两个人面对同样的半碗水，一个抱怨这么一点水不足以消除口渴，一生气，竟将水倒掉了；另一个人也知道这半碗水不足以消除口渴，半碗水实在太少，但他知道这是赶骆驼的老人仅有的水，于是满怀感激地喝下了这半碗水。

而最终的结果，前者饥渴难耐，最终死在茫茫的沙漠之中，后者居然克服种种困难，坚持着走出了沙漠。

故事微语

故事之中赶骆驼的老人施舍的不光是少得可怜的看似无济于事的半碗水，更是是一种爱心，一种恩情。那位成功活下来的探险者所喝下去的是一份感激，接受的是别人赠与自己的一份爱心，其实也正因为这种感激，让他产生了感恩之心，促使他坚定地走出了大沙漠，挽回了自己宝贵的生命。

在生活中我们也要学会感恩。感恩父母的养育，感恩朋友们的帮助，感恩生活中的每一个微笑的人，感恩每一位为社会奉献的人，感恩每一位辛勤劳作的人。甚至感恩每一个人，是他们让生活变得丰富而多彩。当我们心存感恩，微笑着面对一切的时候，这必将会给我们带来无尽的欢乐，给我们增添巨大的前进动力。

感恩，是心灵对爱的一种折射，是心灵对真、善、美的一种传播。我们共同享受着温暖的阳光。心怀感恩，我们便会更加感激那些有恩于我们却不图回报的人。正是因为他们，我们才有了今天的幸福。感恩让我们的生活永远充满关怀、爱心和阳光。

因为感恩，才会有精彩的世界；因为感恩，才会有真挚的情谊；因为感恩，我们才知道了生活的真谛。只要每个人都心存感恩，我们的生活就会少一些指责与推诿，多一些宽容与理解；少一些争吵与冷漠，多一些和谐与温暖；少一些欺瞒与虚伪，多一些真诚与团结。我们的生活就更加精彩。

心灵箴言

感谢命运，感谢人民，感谢思想，感谢一切我要感谢的人。

——鲁迅

做人就像蜡烛一样，有一分热，发一分光，给人以光明，给人以温暖。

——肖楚女

管一个人取得多么值得骄傲的成绩，都应该饮水思源，应该记住是自己的老师为他们的成长播下了最初的种子。

—— [法] 居里夫人

心中无牢，才能真正获得自由

故事话题

一位战俘费尽千辛万苦从战俘营逃了出来，随后才知道他的妻子和儿子都在战争中死亡了，他悲痛欲绝，从此在浑浑噩噩中过日子。

战争终于结束了，有天他去拜访同窗的难友。

难友热情地接待了他，随之向他展示了自己新开的一个便利店，难友看起来生活得很开心。

他问难友："你原谅那些残暴的家伙了吗？"难友说："早已原谅他们了。"

这个人说："可是，我一点也没有原谅他们！是他们害得我家破人亡，也是他们百般折磨我。"边说边咬牙切齿。

难友听完后，静静地说："战争也害得我家破人亡了，只是我要比之前获得更幸福。而以你现在的心态，他们仍然监禁着你，你也并没有出狱啊。"

故事解析

监狱是可以阻挡人身体的自由，可是再坚固与高大的监狱，也阻挡不了人心灵的自由。

面对同样的不幸，以怎样的心态去面对？以怎样的感知去体悟？所产生的结局，就会截然不同。一个人如果乐观而豁达，即便铁门重重，也关不住自由的心灵；一个人如果嗔怒狭隘，即便天地驰骋，也感受不到自由的空间。出狱后因为心中还念念不忘过去的伤痛，那种恨使人不能停息，此时，身体虽然是自由的，但是心灵依旧被困“监牢”，不得解脱。

生活中的磨难，是我们心灵的监狱。如何逃避“牢笼”？只在一念之间，任何人的一生，不都是在不断的磨难中磨砺自己，从不断的磨砺中散发出人性中的光辉吗？

故事穿越

古代，一位皇妃因为被其他妃嫔陷害而陷入了一场政治斗争之中，最终被皇帝打入了冷宫。

一天，皇帝派一位有道的和尚去说服她“了却尘世，遁入空门”，因为他实在是再也不愿意见到皇妃了。

和尚见到皇妃后，问：“你恨眼前的这道软禁你的栅栏吗？”

皇妃言道：“不但一点都不恨，相反，我特别感激这道栅栏。因为有了这道栅栏，我远离了皇宫的阴险，可以不再受杂七杂八的规矩的束缚，想哭就哭，想笑就笑，想吃就吃，想睡就睡，不用再说违心的话，不用天天伴君如虎。有时候，我甚至会看到窗外的桃花发呆，多么美丽的大自然啊，我之前为什么不把心思放到这些美好的事物上呢？是这道栅栏给了我更多的自由。”

和尚听到皇妃的话后，特别钦佩她的悟性。

故事微语

皇妃被打入冷宫是多么不幸，但那道栅栏却仅仅挡住了她身体上的自由，却没挡住她心灵的自由。荣华的背后，有多少无奈选择；富贵的背后，有多少尔虞我诈；阿谀的背后，有多少口蜜腹剑；奉承的背后，有多少不为人知的暗箭。

心灵可以自由飞翔，才不至于深处牢笼。心灵若没有飞翔的空间，在哪里不是牢笼呢？只有以积极的心态去面对“牢笼”，才会获得心灵的解脱。解脱后的灵魂，才可以自由飞翔，不但可以超越眼前的“樊笼”，更能超越自我。而不原谅别人就是不放过自己，心灵也就永远不会获得自由。

心灵箴言

世界上最宽阔的东西是海洋，比海洋更宽阔的是天空，比天空更宽阔的是人的心灵。

——(法) 雨果

心灵应该习惯于从自身中吸取快乐。

——(希腊) 德谟克利特

自由是人先稍微试用，然后无限制地使用，才能真正懂得用法的财产。

——[法] 杜伽尔

第二篇

活在当下：坦然面对韶光如梦的人生

活在当下：坦然面对韶光如梦的人生为今天而活，它不仅是一种感悟、一种智慧，更是一种积极向上的人生态度。为今天而活，其本质是自在、洒脱、没有任何挂碍地生活。一秒钟之前的你，已经不再是你，他仅属于过去。一秒钟之后的你，也不是你，他只属于未来。未来也不可得，它只是一个幻想。

为今天而活，过属于自己的生活

故事话题

玛格丽特•米切尔在小的时候，母亲为她起名“康多莉扎”，康多莉扎是“甜美的弹奏”的意思。于是，从小玛格丽特就立志长大后成为一名伟大的钢琴家。

但一次在大学的音乐节上，她看到一个仅有 11 岁的孩子看一眼就可以演奏一支曲子，而这支曲子，玛格丽特觉得自己要练一年才可以弹好。钢琴世界的激烈竞争以及严酷现实让她放弃了自己的钢琴梦。她说：“我弹得不错，但不是最好的。实际上，几乎所有的曲子我都可以弹，但我永远不可以像真正的钢琴家一样弹得那样好。”正是由于对自己清醒的认识，玛格丽特才重新选择了人生之路。

虽然她没有像小时候想的那样成为一名钢琴家，但她却成为了一位出色的作家，她的代表作品《飘》载誉全球。

故事解析

只有当你真正属于你自己的时候，你才会感觉到幸福。不要为了什么而活着。其他人可能期望你可以做什么工作或者是某种确定的生活方式，但是请问一下自己的内心，这是你想从事的工作，或者这是自己喜欢的生活方式吗？你要成为你自己，不要成为自己不喜欢的别人所期望的样子，这样的你，并不是真正的你。

只有你真正想成为你自己，并且找到了生活的目标，然后热情而执着地去追求，你就可以活得幸福而满足。现在想一下，你最喜欢的是什么，你最在乎的是什么？然后鼓起勇气去追逐吧，成为你想成为的那个人！

故事穿越

有一天，佛陀刚用过午斋，一位商人跑过来请求佛陀为自己除惑解疑，指点迷津。佛陀将这个商人带入一间静室，十分耐心地听他诉说自己的苦恼和疑惑。

商人诉说了很久，其中有对往事的追悔，也有对将来的担忧。最后，佛陀示意他停下来，问他：“你吃过午饭了吗？”商人点点头：“吃过了。”

佛陀又问：“炊具和餐具都收拾过了吗？”商人忙说：“收拾过了。”接着商人急切地问佛陀：“您怎么只问这些问题呢？请您给我的问题一个正确的答案吧！”但是，佛陀却只对他微微一笑，说：“你的问题你自己已经回答过了。”接着就请他离开静室。

过了几天，这个商人终于明白了佛陀说的意思，来向佛陀致谢。佛陀这才对他及众弟子说：“谁若对昨天的事念念不忘，追悔烦恼，或者对明天的事忧愁妄想，他将成为一棵枯草！”

故事微语

佛陀告诉我们，人只能活在今天，也就是现在，谁都不可能退回“昨天”或提前进入“明天”。因为“昨天”是“存在过”的，不可及；“明天”是“可能存在”的，同样也不可及。所以，最重要的是做好今天的事，把握好今天。

“人生是由三天组成的，即昨天、今天和明天。”昨天已经过去，明天还不可知，只有今天是实实在在的。所以，要珍惜现在，过属于自己的生活，这才是最重要的。

为今天而活，就是以阳光的心态，过阳光一般的生活。我们要活得有理想，有智慧，有尊严。我们要学会做生活的主人，不做生活的奴隶！为今天而活，它是一种心灵的净化和升华。

心灵箴言

我以为世间最可贵的就是“今”，最易丧失得也是“今”。因为它最容易丧失，所以更觉得它宝贵。

——李大钊

必须记住我们学习的时间是有限的。时间有限，不只是由于人生短促，更由于人事纷繁。我们应该力求把我们所有的时间用去做最有益的事情。

——[英] 斯宾塞

今日复今日，今日何其少！今日又不为，此事何时了！人生百年几今日，今日不为真可惜！若言姑待明朝至，明朝又有明朝事。为君聊赋今日诗，努力请从今日始。

——文嘉

面对现实才能遇见天堂

故事话题

许多年轻人围绕着一位退休的老船长，听他讲述一生航海历程中，种种离奇而多彩的经历。其中最引人入胜的就是老船长和狂风暴雨搏斗的惊险遭遇。

因为话题谈到了大海上变幻莫测的天气，一个人问老船长：“如果你的船正行驶在海面上，但是通过气象报告，预知在前方的海面上，将出现一个巨大的暴风圈，正迎面而来。请问，以你的经验，此时你该如何处置呢？”

老船长微笑地望着这个人，反问道：“如果是你，你将会如何处理这件事情呢？”

这个人认真地想了想，回答道：“立即返航，将船头调转 180 度，马上远离暴风圈。这是不是最安全的方法？”

老船长摇了摇头道：“当你掉头返航，暴风圈依然迅速地迎向你的船。你这么做，反而延长了你的船与暴风圈接触的时间，反而增加了很多危险。”

此时，另外一个人接着道：“那，如果此时将船头立即掉转 90 度，试着脱离暴风圈的威胁呢？”

老船长仍然摇了摇头，微笑道：“还是不行，如果这样做的话，将会导致船身的整个侧面都暴露在暴风圈的肆虐下，反而会增加与暴风圈的接触面积，而导致更严重的后果。”

众人不解地问道：“如果这些方法都不行，那遇到这种情况，究竟应该如何做才好呢？”

老船长这时候才说：“只有一个方法，那就是紧握住你的船舵，让你的船头不偏不倚的迎着暴风圈而去。只有这么做，才可以将船体与暴风圈接触的面积化为最小，同时因为你的船是迎着暴风圈而去的，所以还可以减少与之接触的时间。这时候你会发现，你很快就安然地冲过暴风圈。”

众人听到这里，在一阵沉寂之后，深深地为老船长应变的丰富智慧而折服，响起喝彩欢呼声。

故事解析

遇到困境时，最有效的解决态度就如同老船长所说的那样，“迎向前去，”这样不仅可以减少与问题纠缠的时间，更可以将力量集中在一个焦点上，一举击破困难。只有这样才可以战胜困难，遇到“天堂”。

没有曲折，就无法品味到人生的乐趣。一味地空想，不在现实中生活，也战胜不了曲折，只有直面生活中的各种困难与挫折，并且勇敢地战胜它，才可以细细品味风雨过后的彩虹，一切也就更加美好起来。

故事穿越

一年一度的嘉年华市集，即将举行。一位卖松饼的老板，摩拳擦掌，准备在嘉年华会中大展身手，好好地大赚一笔。

嘉年华市集如期开始，不出松饼老板所料，热腾腾的松饼，在淋上甘甜的蜂蜜后，立刻散发出浓浓的香味，这果然吸引了许多人的围观，大家围绕在松饼的摊位四周，生意好的令周围很多卖冰淇淋的摊位老板眼红。

松饼老板的生意并没有兴隆多久。一直供应他纸盘的供应商，为了配合全国性的纸业大罢工，不再供货给他。待他的纸盘库存用尽，松饼老板的生意也随之发生危机。

无法用纸盘盛装松饼卖给客人，松饼老板开始尝试用纸巾来代替纸盘，但客人们嫌纸巾被蜂蜜沾在松饼上，吃起来相当不方便。于是他的生意逐渐清淡，到最后都没有任何人来消费他的松饼。

眼看着嘉年华会期还有很长的一段时间，可是却没有什么生意可做，旁边冰淇淋的摊贩老板好意劝他，不如来帮着卖冰淇淋好了。松饼老板迫于无奈，只得以较高的价格，向隔壁的冰淇淋老板购进了一批冰淇淋来卖，以补贴自己摊位的开销。

几天以后，松饼老板想现在生意虽然不错，但是冰淇淋的生意一旦好起来，还是需要大量的纸杯来装冰淇淋，自己依然还没有纸杯来源，那么此时自己的生机依然掌握在别人手里。松饼老板随即动脑，试着将他唯一会做的松饼和冰淇淋联系在一起。他想到，若是将松饼压薄一点，使之更坚固，再将压实的松饼卷成圆锥状，就能装冰淇淋球了。如此一来，客人既可以吃到冰凉甜美的冰淇淋，还可以享受到松脆爽口的松饼，真可谓一举两得。如此一来，松饼老板又成为嘉年华会中生意最好的摊位。而“甜筒冰淇淋”就是这样被发明出来的。

故事微语

所有的困难背后都是机遇，只有敢于面对现实，才可以遇见天堂，一味地逃避只会让自己陷入到更大的困难之中。

任何一种生命状态或许都要根植于现实生活，这样才可以得以成长，才有可能超越现实生活，才可以真实地展示出生命的价值与意义。其实，幸福有时候就像放飞风筝一样，无论风筝飞得多高，线始终都会抓在你手里；也只有把线紧紧抓在手里，它才可以飞得更高，没有用线牵引着的风筝充其量只是一朵浮云，无论飞得多么高，无论飞得多么优美，永远都无法抓在手中，只能眼睁睁地看着它远去。

心灵箴言

在任何情况下，遭受的痛苦越深，随之而来的喜悦也就越大。

——[罗马] 奥古斯狄尼斯

现实是此岸，理想是彼岸。中间隔着湍急的河流，行动则是架在川上的桥梁。

——[俄] 克雷洛夫

假如生活欺骗了你，不要忧郁，也不要愤慨！不顺心的时候暂且容忍：相信吧！快乐的日子就会到来。

——[俄] 普希金

知足者常乐，体味“当下”的意义

故事话题

卓仓是拉萨一名普通的三轮车夫。清晨，太阳初上山头，卓仓便蹬上他心爱的三轮车出发了，开始了一天的生活。

卓仓十分珍爱他的三轮车，他把车身重要部位处都缠了很多胶带，他还用很多五颜六色的布条装饰了车子。“车子漂亮才能吸引人，才能拉到客。”这是卓仓的生意经。“漂亮”是卓仓的追求。除此之外，卓仓还给三轮车装上了音响。

卓仓喜欢听歌也喜欢唱歌。卓仓听的歌都很潮，都是流行的。在拉萨的大街小巷，总能听到卓仓美妙的歌声。卓仓嗓子好，歌也唱得好。坐卓仓车的人总能被卓仓的歌声打动。“卓仓唱得太动情了。”客人都说坐卓仓的车是一种享受。“音乐让我快乐，希望也能让你快乐。”这是卓仓常对客人说的话。

卓仓喜欢在八廓街转。“八廓街有老外，老外喜欢转。”卓仓说。卓仓不担心语言交流问题，“我一唱歌他们就笑了，他们指哪儿我就到哪儿，我比手指头他们就知道给我多少钱。我和他们交流没有问题。”

卓仓很有语言天赋，总能根据游客的谈吐，和游客说上几句游客的家乡话。“四川话、东北话最好学，一学就会。很多人都说我的四川话、东北话说得地道。”卓仓很是自豪地说，“游客最喜欢我说广东话，因为我一说他们就笑。我知道我说得不标准，我就是想逗他们高兴，和气生财嘛！”

夜晚，收了车的卓仓喜欢喝两杯。也不要什么菜，几个三轮车夫坐在一块儿一人一瓶拉萨啤酒，各喝各的，边喝边聊。聊聊家乡的变化，聊聊当天拉的客人。“今天我拉了个，呵呵……今天有个客人好大方，都不讲价，还多给了我几块钱……”大家你一言我一语很是悠闲。

卓仓是一个乐呵派，他说：人活着就得高兴，干嘛要给自己找那么多烦恼。其实，要说卓仓没有烦恼那是假的。卓仓的家乡在日喀则农村，家里兄弟姐妹多，全靠父母种地养活，卓仓很早就出来闯荡了，他把挣的钱很多都寄回了老家，只给自己留了很少的一部分。“在农村只能种地，顶多填饱肚子。我现在一月能挣三四千，已经很不错了，可以了，还有什么可想的。”卓仓如是说。

故事解析

喧嚣的都市中，人们为了追求永远挣不完的物质财富，甘愿被奴役。只是他们都忘了，世界如此之大，我们的双手怎能抓住太多。不知足，内心怎么能富足。弱水三千，怎能全部取尽？

知足者常乐，人生本来就是“非淡泊无以名志，非宁静无以致远”。我们又何必庸人自扰，一味地追求得不到的许多。

所以，我们不必埋怨江湖的险恶、社会的不公、拥有的太少。前方是捡不完的金子，人生是永远爬不完的山。那么，我们何不慢慢行走，细细欣赏自己的所得，这收获的快乐且不比无限的欲望深渊得多？

人生说长太长，漫漫人生路；说短亦短，弹指一挥间。在这有限的生命里，我们又何苦为难自己，为那身外之物鞍前马后地疲于奔波。人外有人，天外有天。我们也不必艳羡别人所拥有的美好，珍惜所有，爱惜自己，活在当下，知足者方能常乐。

故事穿越

商人在海边的一个渔村里度假，看到一个垂钓的年轻人。

商人说：我告诉你如何成为商人和享受生活的真谛。年轻人说：洗耳恭听。

商人说：首先，你需要借钱买条大一点的船，然后出海打鱼，赚了钱再雇几个帮手来帮着增加产量，以此来增加利润。年轻人问：那之后呢？

商人说：之后你可以买条更大的船，打更多的鱼，赚更多的钱。

年轻人问：再之后呢？

商人说：再买几条船，成立一个捕捞公司，再投资一家水产品加工企业。然后将公司上市，用圈来的钱再去投资其他行业，如此一来，你就会和我一样，成为有钱人了。

年轻人好像对这一结果没有足够的认识。于是问：成为有钱人之后呢？

商人略加思考说：成为有钱人后，你就可以像我一样到渔村里度假，晒晒太阳，钓钓鱼，享受生活了。

年轻人似有所悟：噢，原来如此。可是，我现在的生活不就是你说的那些过程的结果吗？

故事微语

心态是衡量幸福的温度计。幸福是内心的一种感觉。既然人的幸福感源自于内心，那么去追逐心外之物岂不是缘木求鱼？金钱、名誉、地位都只不过身外之物，而内心的快乐才是最终所追求的目标。套用佛家的话来解释就是，追求财富不过是追逐指向月亮的手指，而不是月亮本身。

鼹鼠饮河，不过满腹；宿鸟栖林，不过一枝。既然今天我们就可以安安稳稳地躺在海边晒太阳、享受人生，那么追求财富的目标也是如此享受人生，多此一举又有什么必要呢？知足者常乐，活在当下才是幸福的源泉。

心灵箴言

人最大的财富，是在于无欲。

——[罗马] 塞尼逊

一个快乐主义者首先得有知足的修养，就是古训所谓“知足常乐”。

——王西彦

所谓幸福的人，是只记得自己一生中满足之处的人；而所谓不幸的人只记得与此相反的内容。

——[日] 荻原朔太郎

幸福有它的两重性：一方面在于福至心灵，时来运至……另一方面，也是最实际的方面，就是知足常乐地安度日常生活，这也就是说，头脑清醒，不干蠢事。

——[德] 冯塔纳

每一秒，都值得你精心去过

故事话题

1955 年 9 月的一天，张海迪出生在了文登县的一个知识分子家庭里。5 岁之前，张海迪是幸福的，她快乐而活泼，成天蹦蹦跳跳地跑来跑去。

可惜，跑来跑去的时光是那样短暂。5 年后的一个明朗的早晨，玩具室里刚上完一节“课”，海迪和小同伴们一起嘻笑着朝门外跑去，忽然跌倒了。从此，张海迪的双腿丧失了知觉，也丧失了所有关于腿的记忆。童年时生活的很多场景，她都历历在目，唯独不知道腿是怎么活动的，人在走路时的感觉又是怎样的。

她因此没有踏进学校，童年时就开始以顽强的毅力自学知识，她前后自学了小学、中学、大学的所有专业课程。在张海迪 15 岁的时候，她随父母下放到了聊城莘县一个贫穷的小山村，她非但没有惧怕艰苦的生活，反而以乐观向上的精神奉献着自己的青春。在那里，她为村里小学的孩子们教书，并且克服种种困难，学习了大量的医学知识，并热心地为乡亲们针灸治病。在此期间，她无偿地为人们诊治病痛多达一万多人次，因此受到人们的热情赞誉。

1983 年，张海迪开始走向文学创作的道路，她以顽强的毅力克服种种困难，精益求精地进行创作，执着地为创作而战，至今她已出版多部作品:长篇小说《轮椅上的梦》《绝顶》；散文集《鸿雁快快飞》《向天空敞开的窗口》《生命的追问》；翻译作品《海边诊所》《丽贝卡在新学校》《小米勒旅行记》《莫多克——一头大象的真实故事》等。她的作品在社会上引起了很强的反响,长篇小说《轮椅上的梦》还在日本、韩国出版。

以后，张海迪不断进取，不仅自学了日语、德语和世界语。还尽力帮助周围的青年，鼓励他们热爱生活、珍惜青春，努力学习各种为人民服务的本领，为祖国的繁荣昌盛献出自己的光和热。

故事解析

张海迪精心地过好自己的每一天，没有因为疾病和困难而退缩。生命是灿烂的，世界是美好的。生活夺走我们一些幸福的同时，也会用另外一种方式弥补给我们。有人被夺走了光明，但他还可以用耳朵去倾听世界；有人失去了言语的能力，但他仍旧能够感受到笑容的温暖；有人无法依靠双腿行走，但他却能用双手行走更远的旅程。生命其实远比我们想象中的更为坚韧。

我们的每一秒时间，都值得我们精心地去度过。我们应该学会直面生活中的种种，或幸或不幸，无论如何，第二天，太阳照样高高地升起，我们有什么理由不热爱生活，不认真度过我们生命中的每一分钟呢？

故事穿越

在 1929 年，艾尔·史密斯到山上去砍伐木头，把木材装上车，然后开车回家。忽然一根木棍滑下来，就在艾尔急转弯时，木条卡在车轴内，他被绊倒了，伤到了脊椎骨，双腿从此瘫痪。

当时艾尔才 24 岁，从那以后，再也没站起来过。

24 岁年纪轻轻的艾尔，就要在轮椅上度过一辈子！

艾尔说当时极度怨恨，命运竟如此捉弄他。但随着年岁增长，艾尔感觉反抗怨恨对自己毫无帮助，自己反倒变得尖酸刻薄不通人情。“我终于认识到，”他说，“别人和善礼貌地待我，我也应该和善礼貌地回应对方。”

当有人问艾尔，这么多年过后，那次事件对他来说还是个不幸吗？艾尔说：“不！我现在感谢这件事的发生。”他说他在经过震惊与抱恨的阶段后，开始找到一个不同的生活世界，他开始读书并对文学产生了兴趣。14年来，艾尔至少读了1400本书，这些书开拓了艾尔的眼界，丰富了他的人生，这比艾尔以前所能想象的生活还要精彩。艾尔也学会了欣赏美妙的音乐，以前在听到音乐后，他就打盹，现在交响乐令他感动。然而最重大的转变，还是艾尔开始认真思考。“有生以来第一次，”他说，“真正用心观察世界，体会人生价值。我终于悟到从前那些无聊琐事，毫无真正的价值可言。”

由于大量读书，艾尔逐渐对政治产生了兴趣，他开始研究公众问题，坐在轮椅上演讲！艾尔开始认识大家，而人们也开始结识艾尔。艾尔坐在轮椅上，就任了乔治亚州州秘书长一职。

艾尔已经成了纽约州政府的活字典，并连任四届纽约州州长——这打破了纽约的州长任职纪录。美国的六所著名大学，都曾颁授荣誉学位给这位年少失学的人。

1928年，艾尔成为民主党总统候选人。

故事微语

艾尔和张海迪一样都是我们学习的榜样，他们不惧生活中的种种挫折，依然珍爱生活，认真而精心地过好每一天，把握好生命中的每一分钟，进而没有被生活抛弃，反而战胜了生活，取得了不凡的成就。

无论你愿不愿意，只要你活着，就会面对千姿百态的生活。生活无时无刻不在紧随着你，不论你在哪里，不论什么时间，不论你高矮胖瘦，不论你愿不愿意。而生活的每一秒，只有精心度过，才会变得有意义。

心灵箴言

一个人要生活，总得会做点事情。

——[苏联] 高尔基

生命不可能有两次，但许多人连一次也不善于度过。

——[法] 吕凯特

世界上只有一种英雄主义，那就是了解生命而且热爱生命的人。

——[法] 罗曼·罗兰

把握好当下，方能把握好一生

故事话题

汉宣帝刚继位不久，便下诏把祭祀汉武帝的“庙乐”升格，不料这遭到了光禄大夫夏侯胜的反对，丞相、御史大夫等公卿大臣们不禁惶恐不安，胆敢反对皇上的诏书，这怎么了得？于是马上联名上奏，弹劾夏侯胜“大逆不道”，顺便把不肯在奏章上签名的丞相长史黄霸也以“不举劾”的罪名一道给上奏与皇上。于是这两个人被同时逮捕下狱，判了死罪，等待问斩。

夏侯胜是当时有名的大儒，尤其精通《尚书》，向来性情耿直，不善于阿谀逢迎，而现在受此大辱，郁郁寡欢，想到皇上的寡恩和人生的无常，难免心灰意冷。好在黄霸与他关在了一起，寂寞之中，还可以一起说说话。黄霸生性乐观，他之前就仰慕夏侯胜，只是无缘亲近，没想到因为这场飞来横祸，竟使两人被关进了同一间牢房，他心想：“原来天天忙工作没时间，现在时间有了，良师也有了，何不赶紧补上这一课呢？”黄霸便向夏侯胜表达了求教之意。夏侯胜苦笑，说：“咱们都犯了死罪，明天就要被处死了，现在读经有什么用？”黄霸说：“孔子有言：‘朝闻道，夕死可矣。’人应该活在当下，抓住现在，学有所得，心有所悟。”夏侯胜听后精神也为之一振，当即便答应了黄霸的请求。从此俩人席地而坐，每天夏侯胜都悉心传授《尚书》给黄霸，黄霸也是尽心听讲，二人日夜讲学津津有味，研读到精妙处，还会抚掌大笑。这使得监狱的看守过来察看，结果是一头雾水，弄不明白两个将死的人有什么快乐可言。

有人请汉宣帝该把夏侯胜和黄霸尽快执行死刑，于是，宣帝派人到狱中调查他们是否心中哀痛，有悔改之意。回报却道他们每天以读书为乐，面无忧色。汉宣帝心中不高兴，但也感叹俩人的贤能，不忍杀了他们，以至此案久拖不决。

虽然身在监牢之中，但是夏侯胜和黄霸决意活在当下，他们的心在飞翔，没有什么能够束缚住他们了。时间对他们来说也不再漫长，因为有事可做，两个冬天过去了，他们也没有感到无聊，反倒是学问研究得越发精到，思想有了长进，精神也变得更加充实。

两年后的一天，汉宣帝大赦天下，夏侯胜和黄霸都出狱了，他们不仅没有被逐回老家，反而被直接宣进朝廷，夏侯胜被任命为谏大夫，留在了皇帝身边，黄霸被任命为扬州刺史，也在外做起官来。后来夏侯胜因为正直博学而做了太子的老师，90 岁逝世，为报答师恩，太子甚至为他穿 5 天素服。天下的儒生都以此为荣。黄霸也以精明干练、政绩卓著而得以名扬天下，后来官至丞相，史书评价他是“以霸为首”。

故事解析

牢狱之灾成为夏侯胜和黄霸命运的转折点。是啊，从风光无限、养尊处优的士大夫，沦落成监牢中的死囚犯，这个转折确实够大。但这个牢狱之灾也是他们新的人生的起点，他们懂得了人生的意义就是活在当下，如果把握好当下这种精神，怎会有夏侯胜和黄霸之后所取得的成绩。

人活在世上，都是活在对未来的期望之中，但是只有把握好现在，方能把握好一生。不正是每时每刻的现在堆积成了一生吗？如果我们只是期盼未来，回顾过去。那么，人生如何能取得成绩？

故事穿越

从前，有一位帅气而多金的武士，如果在当今，他一定是福布斯财富榜榜上有名的人。同时，他每到一处，身后总跟着一群想要献花的姑娘。武士不缺名，不缺利，但是有3个问题一直搞得他吃不好，睡不香。有一天，他忍无可忍，终于决定上山去求和尚开解心结，解除疑惑。

武士在一个菜园里找到了和尚，他对和尚说："大师，现在我什么都有了，可是有3个问题一直折磨着我，让我得不到幸福。我想请您给我解答一下。"和尚没有理会他，低头挖地。

武士很不知趣，自顾自地说道："第一个问题，我一生中最重要的时间是什么时候？第二个问题，在我生命中最重要的人是谁？第三，在每个时间里要做的最重要的事情是什么？大师，如果您为我解答了这3个问题，我就为您捐出一座庙的香火钱。"

和尚依然没有理会武士，只是低头挖地。于是，他殷勤地从年老瘦弱的和尚手中抢过锄头，替他挖起地来。就在这个时候，一个浑身血淋淋的人闯进了菜园，一头栽倒，昏了过去。我们的武士是个身经百战的武士，看到这个场面非常镇静地把这人扶到了附近的一个草棚里，为他包扎了伤口。

第二天，这个不速之客醒来了，见到武士便强忍着伤痛跪到他的面前，连声道歉。他一把鼻涕一把眼泪地说：“武士您有所不知，其实我是一个刺客。在3年前的一场战争中，你亲手杀了我的哥哥。当时我便发誓找你报仇，这3年我一直跟踪你，但是因为你身边保镖众多，戒备森严，一直都无法得手。这次看到武士你独自跑到山上来，我觉得是个机会，便埋伏在你下山的路上，准备偷袭。但是还是被你的手下发现了，将我打成重伤。我还以为我马上就要死了，谁知道你竟然救了我的命。从此，我将心甘情愿地跟在您的身边，当牛做马来报答您。”连武士也没想到自己上山求教竟然还有这样一个意外的收获。

第二天，武士又去求教和尚，软磨硬泡地说：“大师，求求您了，看在我救人一命胜造七级浮屠的面子上，给我个答案吧。”和尚依然面无表情地说：“我昨日不是已经给你解答了吗？如果昨天你没有勤勤恳恳地帮我挖地，你肯定就回去了，在回去的路上就会遭受刺客的袭击。所以，你勤勤恳恳地挖地之时就是你最重要的时间。如果你昨日没有挽救那个刺客，他肯定就会死掉，他就不可能在以后留下来帮助你。因此，他对你来说就是最重要的人。当时，你就做出了你觉得最重要的事，那就是去挽救他的生命。”和尚顿了顿说，“我就是想告诉你，最重要的时间就是当下，因为这个时间才真正属于你。最重要的人就是当下和你在一起的人，而最重要的事就是你现在所做的有意义的事。这就是生活的真谛。”

武士听后，恍然大悟，欢欢喜喜地下山去了。从此，武士便过上了吃得好、睡得香的幸福生活。

故事微语

过去的都已经过去，未来的还并没到来。所以，人世间最可贵的就是现在，但是往往最容易被忽视的也是现在。很多人都有远大的目标，他们每天都在憧憬着目标实现的那一天，但是却没有把握当下的生活，不明白自己现在生活的意义。其实，对所有人来说，珍惜现在远远要比筹划将来重要得多。

珍惜现在，把握当下，积极生活，懂得把握现在的人，不迷茫、不浮躁，有目标，可以脚踏实地地付出，而只有付出的人才会有收获。那么，从现在开始，从当下开始，让我们一起努力付出吧！

心灵箴言

快乐活在当下，尽心就是完美。

——林清玄

我从不思考未来——它很快就会来。

——[美] 爱因斯坦

今天扫完今天的落叶，明天的树叶不会在今天掉下来，不要为明天烦恼，要努力地活在今天这一刻。

——林清玄

第三篇

悠然自在：不必苦寻应该遗忘的沉重

悠然自在：不必苦寻应该遗忘的沉重

人生是一场马拉松，不是百米冲刺赛跑。我们要学会集聚自己的体力与能量，不能跑得太急，否则我们很可能跑不完全程就已经倒下了。只有调整好自己的状态，该放松的时候就放松，生活中的事情才会变得得心应手。

勤做扫除，给心灵减减负

故事话题

夏普是英国的著名的外科医生，有一次他被急召去诊治某位“伤势严重”的勋爵。

当他匆匆赶到勋爵的宅邸后，才发现勋爵的“伤势严重”，也不过只是轻微的皮外伤而已。但他还是迅速地拿过纸笔，匆匆开了个药方，吩咐勋爵的仆人：

“你赶快到药房去拿药，跑步去！”

勋爵听到这急促的吩咐后，马上吓得脸色都白了，赶紧焦急地问夏普医师：“我的伤口看起来真的很危险吧？”

“是的，如果您的仆人不跑步去将药拿回来的话，我担心……”夏普医师正在沉吟。

“将会发生什么事？”勋爵惶恐地问道，他看起来已经接近到了今生崩溃的边缘。

“我担心，在他赶回来之前，您的伤口已经愈合了！”

故事解析

勋爵眼中的“伤势严重”，在夏普医师的眼中不过是“马上就愈合的伤口”。夏普医师有点“夸张”，但也很有幽默感。幽默感可以减轻心理负担，让自己放轻松，勤给心灵做扫除可以给自己减轻很多不必要的压力。

如果人生像行驶于崎岖不平的路上的汽车，那么幽默感就如减震器一样，可以让我们免于沿途的颠簸之苦。世界上有太多东西可以为我们增添生活的情趣，若把所有的事情都看得太严肃，生活就会索然无趣。英国诗人柴斯特顿说：“插科打诨虽不正经，却有益于心理健康。”勤给心灵做扫除，正是为了身心健康着想。

故事穿越

有一次，林肯正在擦自己的皮鞋，一个外国的外交官见状大吃一惊，向他走来说：“总统先生，您竟擦自己的皮鞋？”“是的，”林肯诧异地反问，“难道你擦别人的皮鞋？”

又有一次，一位妇女来找林肯，她理直气壮地说：“总统先生，你一定要为我儿子谋得一个上校的职位。我们应该有这样的权利，因为我的祖父曾参加过雷新顿战役，我的叔父在布拉敦斯堡是唯一没有逃跑的人，而我的父亲又参加过纳奥林斯之战，我丈夫是在曼特莱战死的，所以……”林肯回答说：“夫人，你们一家三代为国服务，对国家的贡献实在够多了，我深表敬意。现在你能不能给别人一个为国效命的机会？”那位妇女一时无话可说，只好悄悄走了。

林肯的脸较长，不怎么好看。一次，他正在与斯蒂芬·道格拉斯辩论，道格拉斯见状讥讽他是两面派。林肯回答：“要是我有另一副面孔的话，我还会戴这副难看的面孔吗？”

故事微语

能以轻松幽默的态度去面对各种问题，对自己是有利的。在任何环境下都能制造欢乐的人，一般也可以轻松地应付各种重大问题、提出创意构想、处理紧急事故。你也可以尝试用幽默轻松的态度面对各种问题。

王尔德曾经说过：“人生多么可贵，不该板着脸孔面对。”有时候，你在压力比较大的时候应该大笑一场，因为你需要给心灵减减负，大笑几声才能松弛情绪。一项研究指出，懂得在生活中找乐子的人，压力较小，寿命较长，成功机会也比不苟言笑的人要多一些。

心灵箴言

我的一生，大都在忧虑从未发生过的事。

——[美] 马克·吐温

人人都该严肃思考一件事：别把什么事都看得太严肃。

——[英] 巴特勒

把你的烦恼收进旧行囊，微笑，微笑，微笑；虽然有魔鬼般沉重的辛劳，微笑，孩子，就是那样。担忧有什么用处？不值得那样做，所以，把你的烦恼收进旧行囊，微笑，微笑，微笑。

——[英] 乔治·阿萨夫

不要担心，总有一扇门为你打开

故事话题

有一位名叫琼伲·马玟的加拿大少年，他的父母最大的心愿就是希望他能上大学。可是，就在马玟读高中二年级的时候，忽然有一天，学校聘请的一位心理学家把马玟叫到办公室，对他说："马玟，我看过了你各学科的成绩和各项体格检查，并对你各方面的情况做了仔细的研究……"

"我一直很努力的。"没等心理学家说完，马玟就急切地说。

"问题就在这里，"心理学家说，"你一直很努力，但进步不大。看来，高中的课程对你来说确实是太难了，你有点儿力不从心，再这样学下去，恐怕结果只有浪费时间了。"

马玟用手捂住脸，很伤心地说："那样我爸爸妈妈会很难过的。他们一直盼望我能上大学……"

心理学家用一只手抚摸着马玟的肩膀，说："人们的才能是各种各样的，工程师不识简谱，或者画师背不全九九乘法表，这都是可能的。但每

个人都有特长，你也不例外，终有一天，你会发现自己的特长的。到那时，你的爸爸妈妈一定会为你骄傲的。”

就这样，马玫离开了学校，到处寻找工作。当时在城里找个活儿确实是件很难的事，经过好长一段时间的努力，马玫终于找到了一份替人整理园圃、修剪花草的杂活儿。马玫很珍惜这份来之不易的工作，他每天勤勤恳恳地工作。不久，雇主们开始注意到了他的手艺，他们称他为“绿拇指”--凡是经他修剪过的花草无不出奇繁茂美丽。他还经常帮人出主意，帮助人们把门前那点儿有限的空地因地制宜，精心装点。凡经他整理过的花圃无不令人感到赏心悦目。

马玫似乎天生就对花草树木有种很特别的感觉，或许这就是他的特长。马玫认识到了这一点，他决心放大自己的特长，好好的展示一下自己。一天，他去城里办事，当走到市政厅的后山时，刚好看见一位参议员就在他前面不远处，于是，他马上走上前去对参议员说：“参议员先生，你可否答应我把市区北面那片搁置的垃圾场改为花园？”

“市政厅现在没有这笔经费啊。”

“我不要钱，只想您允许我去改为花园就行了。”马玟很激动地说。市参议员大为惊异，他从政以来，还不曾碰到过哪个人办事不要钱呢！于是，他把马玟带到了自己的办公室，在认真听取了马玟对改造垃圾场的想法之后，愉快地答应了马玟的请求。

当天下午，马玟就拿着工具开始整理那片垃圾场。一位热心的朋友给他送来了一些树苗，那些熟悉的雇主请他到自己的花园剪用玫瑰插枝；有的则提供篱笆用料；特别是全城一家最大的家具厂的老板得知马玟要把垃圾场变成花园的消息后，立刻表示要免费承做公园里所有的长椅……

经过了一段时间后，那片污泥浊水、满是垃圾的场地在马玟的精心设计和辛勤努力下，终于变成了一个美丽漂亮的公园。公园里鲜花盛开，草坪如毯，曲径通幽，人们坐在舒适的长椅上沐浴着暖暖的阳光，倾听着鸟儿们的歌唱，呼吸着新鲜的空气，心情格外舒畅。

一时间，全城的人都开始关注他，说一个年轻人办了一件了不起的事。这个漂亮的公园成了一个生动的展览橱窗，人们凭着它看到了琼伲·马玟的才干，一致公认他是一个了不起的风景园艺家。

这已经是 20 多年前的事了。如今的琼伲·马玟已是全国知名的风景园艺家。他的父母为他感到骄傲 -- 他工作到哪里，就把美带到哪里！

故事解析

人的擅长领域是多种多样的，人各有所长，就像西方人说的那样：上帝是公平的，他在关上一扇门的同时，也会打开一扇窗。所以，我们永远都不要因为自己在某个领域或某一方面的不成功而沮丧，这并不能代表我们在其他领域不能取得很好的成绩，当然也完全不能否定我们的人生。

我们没有必要总是艳羡别人在某一方面取得的成就，只要我们肯放大自己的优势，发挥好自己的特长，持之以恒的努力，上帝总会为我们开一扇通往成功的窗。

故事穿越

几年前，有位女孩在求学的路上屡遭失败。在确认自己在校读书取得不了任何成绩后，她被母亲领回家。母亲很伤心，准备靠自己的力量把孩子培养成人。可是，女孩无论如何记不住那些公式；背不来拗口的古文。在妈妈眼中，女孩是一个不长进的孩子，怎么教都学不会。

最终，母亲彻底绝望了——女儿几次参加高考都失败了。

女孩知道自己在母亲的眼里失败的彻彻底底。母亲不止一次地说过："朽木不可雕也。你就是块朽木，无论付出怎样的努力，你都不可能雕成器的。"女孩很难过，她决定远走他乡，去寻找自己的天地。

几年后，女孩已长成一个成熟的女人，她回来了。这一次，她邀请母亲去观看钢琴大赛。在赛场上，她弹出的每一只曲子都悦耳动听。最终，她获得了钢琴大赛的冠军。在热烈的掌声中，她走上领奖台，激动地说：“我要把冠军的奖杯献给我的母亲。我读书时，没有获得过任何成绩。现在，我要告诉母亲，我没有拿到进入大学的钥匙，但生活中也会有一扇门是为我打开的。”

陪女儿参赛的母亲，万万想不到，冠军的获得者居然是自己一致认为朽木不可雕的女儿。望着女儿，母亲流下了激动的泪水。

故事微语

很多人都在生活中苦苦寻觅着适合自己的人生方向，也遭遇了很多打击，经历了很多失败，但是这都很正常。此时一定不可灰心，因为成功的答案不止一个，失之东隅，收之桑榆。只要肯脚踏实地地奋斗，总有一把钥匙帮你打开成功的大门，也总有一扇门为你打开。

所以，当生活举步维艰，失败接踵而至，烦恼挥之不去，痛苦无法排遣的时候，你要始终坚定不渝地相信，这个世界上，总有一扇门是专门为你打开。只要寻找到这扇门，生活便会柳暗花明，成功也就悄然光顾，烦恼也就一扫而光，痛苦就会烟消云散。

心灵箴言

活着就有希望。

——[英] 霍金

希望是栖息于灵魂中的一种会飞翔的东西。

——[美] 狄更生

人类所有的智慧可以归结为两个词——等待和希望。

——[法] 大仲马

烦忧仿佛是一粒粒慢性毒药

故事话题

高庆昌，万昌科技董事长。2011 年 5 月 23 日，万昌科技刚刚上市仅 3 天的时间，就传出了高庆昌跳楼身亡的消息。

高庆昌是山东淄博市的知名人物，大专学历，高级经济师。他是领着万昌科技登陆深证中小板的企业家，他的发家地也在万昌科技股份的所在地淄博市临淄区。

许多企业家不懈地追求，甚至奋斗一生的目标就是上市融资，但是刚刚达成夙愿的高庆昌却已经再也无法享受巨额财富带来的美好生活。有关高庆昌的死因，他的家属对外表示，高庆昌因为工作的事情经常特别烦忧，最终患上了抑郁症，并且长期服药。

故事解析

所有的人都有七情六欲和喜怒哀乐，工作上遇到烦恼也是人之常情，是不可避免的。因而生活注定是不可能完美的，那么我们又何必还要苦苦追求一个完美的结局呢？倒不如坦然一些，看开一些。老子说：“大成若缺”，有缺陷的生活才是最真实最有价值的生活，所以做人要懂得适时地给自己留下一点儿遗憾和缺陷，没有必要和自己的人生斤斤计较。生活已经过得很好了，我们有理由开怀大笑，为什么还要执着追求于完美呢？何必让烦忧这一粒粒的慢性毒药害苦自己呢？

只要我们放下生活的压力，放下人生的各种有意无意的规划，放下那些想当然的消极情绪，放下生活中的种种烦忧，就可以走出豁然开朗的人生。生命是我们最珍贵的东西，它是我们所拥有一切的前提；失去了它，我们就失去了一切。

故事穿越

小雯2004年高考成绩619分，但由于录取学校不是她理想中的省外某高校，于是又补习了一年。第二年小雯高考考了632分，却因为估分失误，滑档被省内某农业高校录取。小雯依然认为学校不理想。7月19日13时许，从铜川回到家的小雯因为上学和父亲言语不投机。小雯说：打死我也不上这个学校。然后小雯闷闷不乐地出了家门。父亲发觉小雯神色有异，怕她因为想不通而发生什么意外，于是让小女儿小清跟随姐姐。但是，直到7月20日13时多，家人多方寻找也没发现关于姐妹二人的任何踪影。

7月20日，铜川矿务局公安处接到一报案，称在一水坑漂浮着一具女尸。铜川市公安局刑警支队和矿务局公安处民警迅速赶到现场。经过仔细巡查，发现附近还有一女尸。在当地居民和小雯父母的辨认下，认定是小雯和小清。经过刑侦人员勘察，确认小雯是自杀行为，其妹小清为救姐姐也不幸身亡，排除了他杀的可能。其父母见到小雯和小清两人尸体，悲痛欲绝。

故事微语

所有人的生命都只有一次。无论你为自己的失败多么烦忧，世界上总会有人看重你，情况迟早也会转好。你一定要相信自己，相信人生过得很值得。无论如何都要坚强地面对现实，改变现状。不要让烦忧的情绪困扰自己，烦忧就像慢性毒药，早晚一天会让我们的精神崩溃。

生活就像一座熔炉，我们最开始的想法是提炼出幸福，而最先被提炼出的往往是无用的渣滓，这并不是我们想要的。此时我们应该不以提炼出渣滓而烦忧，而要保持好良好的心态，因为任何烦忧在此时都事于无补，只有把这些看淡，让自己重新充满激情，继续努力地奋战，认真地生活才能提炼出真正的幸福。

心灵箴言

烦恼是心智的沉溺。

——[美] 富兰克林

愚钝的灵魂所不能控制的烦恼，应该用理智来驱除。

——[希腊] 德漠克利特

把烦恼当做脸上的灰尘，衣上的污垢，染之不惊，随时洗拂，常保洁净，这不是一种智慧和快乐吗?

——王蒙

凡事想开点，人生得自在

故事话题

一次，一位老师上课前手里拿着一只盛着一些水的茶杯。他举起茶杯，让所有的学生都看到，然后问道："你们猜猜看，这只茶杯的重量是多少？"

"50 克！""70 克！""105 克！"……学生们踊跃地回答。这时，老师说："看来大家都认为这个茶杯没多少重量，现在，我提一个问题：如果我把它像这样举几分钟，会发生什么事情呢？"

"什么事情都不可能发生。"学生们回答。

"好吧。那么，举一个小时后可能发生什么事情呢？"

"你的胳膊会疼痛起来。"其中一个学生回答。

"你说得太正确了。如果我将它举一天会怎么样呢？"

"你的胳膊会变得麻木，肌肉也会严重拉伤和麻痹，最后你必须得去医院。"另一个学生冒失地说。所有的学生都笑了。

"很好。不过，在这期间茶杯的重量有没有发生什么改变？"老师问道。

"一点都没有。"大家一起回答。

"那么是什么使胳膊疼痛、肌肉拉伤的呢？"老师停顿了一下又问道，"在我胳膊开始疼痛之前，我应该做点儿什么呢？"

学生们都开始迷惑了。

“把茶杯放下呀！”有个学生说。

“对极了！”老师说，“生活中遇到的很多问题也是这个道理。如果一件事情让你很想不开的时候，你就可能会一直想下去，但是这不仅对我们没有任何好处，还会让我们受伤，越想越难过，而此时最有效最好的办法就是想开点，把问题放下，自在地继续生活下去。只有这样，你才能精神焕发，轻松地应对可能遇到的任何机遇与挑战。”

故事解析

面谁的人生可以一帆风顺？只要人活在世，就会遇到困难和挫折，就会有很多不顺心的事情发生，而此时最理智的做法就是想开点，凡事想开点，人生得自在。如果把所有的事情都记在心里，那么我们就会在无形中给自己增加了很多压力，这必然会让我们在前进的道路上，愈走愈艰难。

当一天结束的时候，把所有的问题都想开点，必然会使得自己一身轻，所以我们要把昨天和今天所遇到的不开心的事情都想开，没必要耿耿于怀。给自己更多的精力来迎接明天的机遇和挑战，从而使自己的人生更加丰富多彩，而避免了自己负重而行。

故事穿越

张大千先生是我国著名的画家，他是个大胡子，浓密的胡须铺垂近腹。

据说，一次有一人看到这种情况，顿生好奇，于是问：“张先生，睡觉时，您的胡子是放在被子外面还是搁在里头的？”

张大千先生立刻愣住了：“这……我也不清楚。是啊，我怎么没在意这个呢？这样吧，明天再告诉你。”

晚上入睡的时候，大千先生将胡子撂在被子外头，好像不太舒服；收进被子里面，又觉得特别不自然。折腾了半宿，都不满意。这一下他自己也犯愁了，以前这从来都不是什么问题呀，现在怎么成了如此头痛的事情呢？

第二天，张大千先生找到那人，说：“很抱歉，我真的不知道平时是搁哪的。”那人见张大千先生双眼布满血丝，好像明白了什么，愧疚地说：“对不起，张先生，让您受累了。”

故事微语

张大千先生的不自在源于平常熟视无睹的小事，因为别人的问题而引起了他的关注。生活中，很多烦恼通常是人为地在自己的思想上加压造成的。我们如果对任何事情都太在意了：太在意邻里无意的评足，太在意同学间的微不足道的摩擦，太在意老师偶尔的责骂，太在意父母一时的疏忽，那么我们的人生如何自在的起来？

没有人那么幸运，一生中从没有过失败。考试失败，深造失败，家庭不幸。人生总会有各种各样的事情，睁开双眼历历在目，闭上双眸空无一物，倘若凡事都记取，如何轻松的前行？只有凡事想开点，人生才能自在前行。

心灵箴言

过分冷静的思考、缺乏感情的冲动,也必然使人的心理变态。

——[保加利亚] 瓦西列夫

莫把烦恼放心上，免得白了少年头，莫把烦恼放心上，免得未老先丧生。

——[英] 狄更斯

要是人家骗了你，他也不必生气，因为人人都想活，生活的门路却到处都很狭窄，所以就不能不擦碰别人。

——[苏联] 高尔基

生命的弦，该放松时就放松

故事话题

据说，西班牙的宗教裁判所和希特勒的集中营为了拷问囚犯和俘虏而特地创造了一种刑罚：将囚犯的手脚固定，然后在他们的头部上端吊一个漏斗一样的水袋，然后在睡袋里灌满水，水袋便会昼夜不停地在囚犯的头上嗒嗒地滴水，久而久之，囚犯和俘虏的神经便会错乱，直到最后甚至会发狂。

原来水袋发出的“嗒嗒”的声音在囚犯们听来，就好像是重锤击打在头上发出的声音，听的时间长了，他们的心灵便会彻底地崩溃。

故事解析

活中无休无止地忙碌不正像那不停地往下滴水的水袋吗？只要你没有离开,它就会一刻不停地击打你的心灵,让你彻底得不到放松，最后不击而溃。

学会适时地放松自己，是对自己的一种帮助和关爱。一味地在前进的道路上不知疲惫地赶路，而不懂得休息的人是不爱惜自己的人。当我们把身体透支的时候，等待我们的将是可怕的后果。

俗话说：劳逸结合。我们不能一味地劳作，也不能一味地休息，只有将两者结合，才能给自己一个健康的身体和心灵。

故事穿越

从前，有个人他总抱怨生活的压力太大，生活的负担太重，这让他感觉很疲惫。他听人说，山脚下有位高人。于是，他便去请教高人。

高人听完了他的故事，给了他一个空竹篓，说："背起这个竹篓，朝山顶去。在路上碰到好看的鹅卵石，就把它们放到背篓里。等你到了山顶的时候，你也就会知道解救你自己的方法。去吧！去找寻正确的答案吧！……"

于是，年轻人开始了他寻找正确答案的道路！

刚上道，他活力充沛，一路上把自己认为最好的、最美的鹅卵石，都一个一个扔进竹篓里。每扔进一个，便觉得自己又拥有了一件世上最美丽的东西，很充实，很快乐。于是，他在欢笑嬉戏中走完了旅程的三分之一。

可是，空竹篓里的东西越来越多，也渐渐重了起来。他开始感到，担子在我的肩上压深了，而且越来越深，越来越深……但他很执着，他鼓励着自己。不远了，已经不远了！

此时，他已经无暇顾及那些世界最美丽、最惹人怜爱的鹅卵石了。为了不让沉重的竹篓变得更重，他毅然放弃了这些，只是挑选了些非常轻的、非常需要的、或是必不可少的鹅卵石放进竹篓。此时他深知，这样的放弃，是必要的。

然而，无论他挑多轻的东西放入竹篓，他仍然感到疲惫，他只能大口大口地喘气——迫于这竹篓，迫于这生活！

但终于，他还是背起竹篓，踏上了这最后1/3的路程。

在已经可以看到终点的时候，他疲惫不堪地再也不能多走一步路，于是舍下了所有的鹅卵石。此时，他长嘘一口气，休息片刻，轻轻松松地回到了终点。

故事微语

在人生的路上，我们可能会喜欢很多东西，有很多很多想要做的事情，但是想要得越多，压力就会越大。当压力达到一定程度，就会让我们难以忍受。而此时最有效的方法就是学会放松。不祈求过多，不奢望太多，不给自己过大压力。经常给自己减减压，放松一下生命的弦。

面对现实，时常放松一下自己，适当地放慢自己的脚步，去细细品味一下沿路的风景，面对现实，不要让自己像充足了气的气球一样，随时一触即爆，我们要适当放掉多余的气体，让自己变得更有弹性。

心灵箴言

只有充分放松，才能有力出击。

——陈安之

适度的娱乐能放松人的情绪，陶冶人的情操。

——[罗马] 塞内加

放松与娱乐，被认为是生活中不可缺少的要素。

——[希腊] 亚里士多德

放松身心，不存目的不刻意寻找一个投诉的对象，那份自在和愉快，必定是不同的。

——三毛

成功的法则应该是放松而不是紧张。放弃你的责任感，放松你的紧张感，把你的命运交付于更高的力量，真正对命运的结果处之泰然……

——[美] 马克斯威尔·马尔兹

第四篇

勇往直前：亲尝雨露以感受生命的丰美

挫折总是冷酷无情的，只有命运的强者才能战胜它，从而获得成功。法国作家巴尔扎克说：“挫折就象一块石头，让你却步不前；而对于强者来说却是垫脚石，使你站得更高”。因此，只有抱着崇高的生活目的，树立击败所有挫折的决心，保持健康的心理素质，才能成为生活的强者和事业的胜利者。

世上无难事，坚信我能行

故事话题

王羲之出生在一个书法世家。他的伯父王翼、王导；堂兄弟王恬、王洽等都是当时的书法名手。

王羲之七岁的时候，拜女书法家卫铄为师学习书法。王羲之临摹卫铄的作品一直到 12 岁，虽已不错，但自己还总是觉得不满意。因常听老师讲历代书法家勤于苦练的故事，这让他对东汉草圣张芝的书法产生了钦羡之情，并决心用张芝的临池故事来激励自己。

为了能够练好书法，他每到一处，必然会跋山涉水四下拓历代碑刻，长此以往便积累了大量的书法资料。他在很多地方都摆着凳子，安放好笔、墨、纸、砚，在书房内，院子里，大门边甚至厕所的外面，于是他便可以每想到一个结构好的字，就可以立即写到纸上。他在练字时，经常凝眉苦思，以至于废寝忘食。

他认为养鹅不但能够陶冶情操，还能从鹅的很多体态姿势上领悟到书法执笔，运笔的道理。有一日清早，王羲之和儿子王献之乘一叶扁舟游历绍兴山水风光，船行驶至县禳村附近，王羲之看到岸边有一群白鹅，摇摇摆摆的模样，磨磨蹭蹭的形态。王羲之看得出神，不知不觉便对这群白鹅产生了爱慕之情，于是想把它们买回家去。王羲之询问附近的道士，希望他可以把这群鹅卖给他。道士见状，说道：倘若右军大人想要，就请代我书写一部道家养生修炼的《黄庭经》吧！王羲之因为求鹅心切，毫不犹豫地答应了道士提出的条件。这就是王羲之书换白鹅的故事。

王羲之一生最好的书法，首推《兰亭集序》。这是他中年时候的作品。传说唐太宗李世民对《兰亭序》十分喜爱，于是在死时将其殉葬昭陵。留下来的只是别人的摹本。今人所见，皆为《兰亭序》临摹本。王羲之的书法作品很丰富，除《兰亭序》外，著名的尚有《官奴帖》《十七帖》《二谢帖》《奉橘帖》《姨母帖》《快雪时晴帖》《乐毅论》《黄庭经》等。王羲之的书法主要特点是平和自然，笔势委婉含蓄，遒美健秀，后人的评价都特别高，说他的书法作品：“飘若游云，矫若惊蛇”。王羲之的书法是特别美的。

故事解析

无论做什么事情,只要努力,不放弃,就一定能成功！世上无难事，只要相信自己，并加以实际行动，最终的结果也一定是好的。王羲之之所以取得巨大的成就，原因也是在于他不惧困难挫折，相信自己，痴迷于书法，最后才能成为书法大家。

我们在学习和生活中也要有这种精神：不惧困难、相信自己、脚踏实地。面对困难、挫折和新的挑战不要折服，不要胆怯。只要你肯相信自己，不断努力地付出，哪怕你现在的人生是从零开始，你都可以做得到。

故事穿越

有一天，法国著名画家纪磊参加一个宴会，在宴会上，突然有个身材矮小的人走到他面前，向他深深地鞠了一躬，请求他可以收自己为徒弟。

纪磊看了那个人一眼，发现他是个残疾人，他根本就没有两只手臂，于是就婉转地拒绝他，并说："我想你画画恐怕不太方便吧？"但是，那个人并不在意，立刻说："不，我虽然没有手，但是还有两只脚。"说完，便请宴会主人取来纸和笔，坐在地上，开始用脚趾头夹着笔画了起来。他虽然是用脚作画，但是画得非常好，可以看出是下过一番苦功的。在场的所有人，包括纪磊在内，都被他的精神打动了。纪磊特别高兴，马上便收他为徒弟。

这个矮个子的残疾人自从拜纪磊为师之后，更加用心作画，没几年的工夫便名扬天下，他就是有名的无臂画家杜兹纳。

故事微语

没有两只手臂竟然能成为画家，是不是特别不可思议？只要有排除万难的信心和毅力，所有人都能创造奇迹，所有人都可以成功。

苦难是无情的，任何人都会遇到无情的苦难和人生的挫折。人生的道路上，遇到困难挫折是在所难免的。但是，只要你不去推诿，不胆怯，相信自己能行，保持良好的心态和旺盛的精力，努力地奋进，你就可以成功，你就可以成为自己想成为的那个人。这时候，你就知道“发光并非太阳的专利，你也可以发光。”

心灵箴言

坚硬优质的钢条，是经过千锤百炼而成的；瑰丽美观的贝壳是经过水冲日曝而得的。我们的意志和毅力也必须在火热的斗争中接受严峻的考验，去接受长期的锻炼。只有这样才能使自己在困难面前，永远热情奋发，斗志昂扬。

——[俄] 加里宁

夫志当存高远，慕先贤，绝情欲，弃疑滞，使庶几之志，揭然有所存，恻然有所感；忍屈伸，去细碎，广咨问，除嫌吝，虽有淹留，何损于美趣，何患于不济。若志不强毅，意不慷慨，徒碌碌滞于俗，默默束于情，永窜伏于平庸，不免于下流矣。

——诸葛亮

你永远不可能完全控制你身在何处。你不能选择开始事业时的优势，你当然更不能选择你的基因智力水平。但是你却能控制自己工作的勤奋程度，我相信某地有某人可以不努力工作就聪明地取得成功并维持下去，但我从未遇见过他（她）。你工作得越多，你做得就越好，就是那么简单。我总是比其他人做得多。

——[美] 布隆伯格

改掉怯懦这个坏习惯

故事话题

1817年的冬夜，天气十分恶劣，美国肯塔基州的一个小山村里有一位小男孩高烧不退，上吐下泻，病情看起来特别危急。可是他们离最近的医院也有100多里路，再加上当时外面伸手不见五指，且风雨交加，几乎寸步难行。看着病情危重的孩子，他的父母心急如焚。

望着束手无策，且满眼担忧的父母，小男孩迷迷糊糊地嘀咕：完了！完了！我这肯定是得了瘟疫！原来当时这里正在流行一种痘类瘟疫，而且与小男孩的症状十分相似。说到这里，孩子的病情似乎又一次加重了，他痛苦地呻吟着，吐出来的东西甚至开始夹杂血丝。此时，他的父母更是心如刀剜。

突然，刚刚还紧张万分的父亲大叫起来：“上帝，找到了！找到了！”只见他拿出了一颗褐色的大药丸，兴奋地说：“这可是专治瘟疫的神药，是前不久州立医院迈哈顿院长送给我们的，瞧我这是什么记性！”说罢，便连忙抱起小男孩，喂他吞下了那颗褐色的大药丸。孩子痛苦的脸上开始露出了笑容，不一会儿，他就开心地睡着了。第二天，小男孩被送进了医院，他的疾病检验单也很快出来了，原因竟是食物中毒而引发的持续高烧和呕吐。

10年后，小男孩已经长到了18岁，他的父亲再一次提起了那颗治瘟疫的“仙丹”。他坦诚地告诉孩子，那其实不是迈哈顿院长给他的神药，而是他的“杰作”，这是他在厨房里将一块干面包和咖啡粉做成的丸子，其实根本没有任何治病的功效。但在那叫天天不应、叫地地不灵的环境里，却治好了小男孩的那块“心病”，这使他勇敢地熬过了那个“瘟疫”笼罩的可怕夜晚。

刚刚长大成人的男孩终于懂得了父亲的意思：世界上本来就没有任何可怕的事情，被困难击倒的往往是自己那颗怯懦的心。面对人生中无数的挫折和坎坷，永远不要自己吓唬自己，而要有足够的战胜和逾越它的勇气和信心。

后来，这位男孩的人生又经历了一系列的挫折：八次竞选、八次落

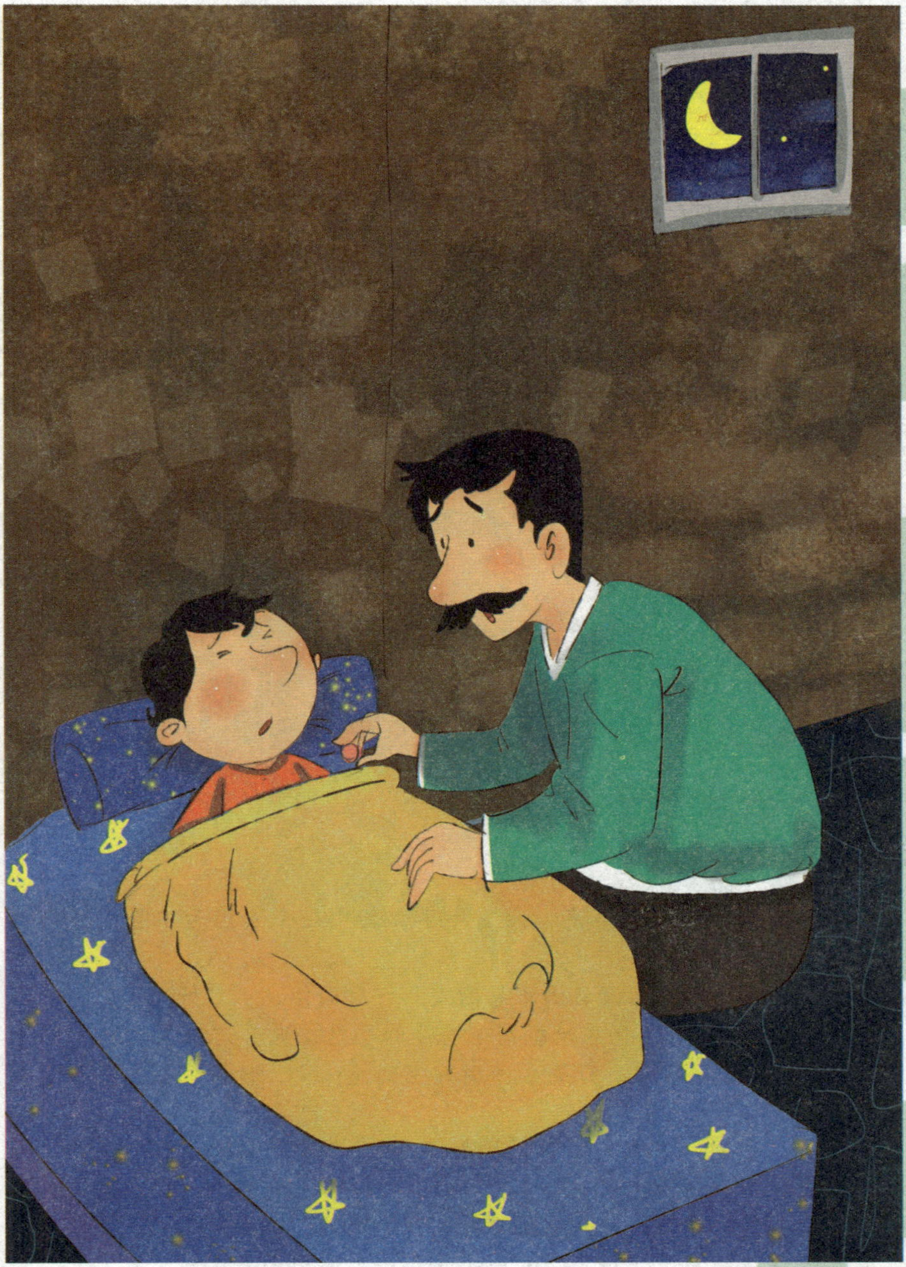

败，两次经商、两次失败，甚至精神还崩溃过一次，但他却选择了勇敢地面对这一切。正因为他没有放弃，不怯懦，才成为美国历史上最伟大的总统之一，他就是——亚伯拉罕•林肯。

故事解析

生命中一切赛程都只能靠自己的力量去完成，这不能依赖任何人。很多从艰苦环境中奋斗而最终成功的人们，他们并不是比我们多一些天赋，而是他们懂得战胜自己的怯懦，勇敢地面对一切困难和挫折，并最终战胜了它们。

很多时候，情况并没有我们想象中的糟糕，只是我们心中的怯懦把眼前的情况妖魔化，使我们失去了战胜它的决心。而此时最应该做的就是战胜怯懦，不放弃任何机会，只有这时候，我们才可能会取得成功，一味地怯懦和害怕是不会对情况起到任何帮助的。

故事穿越

两个朋友结伴横穿沙漠，水喝完了，其中一个人因为中暑而不能再走动了。

剩下的那个健康而又口渴难忍的人只好对同伴说：“好吧，你在这里等着，我去找水。”他把手枪塞到了同伴的手里，说：“枪里还剩5颗子弹，记住，3个小时后，每隔1小时对空鸣枪一声，枪声会指引我找到你的方向，与你会合。”

两人分手后，一个充满信心去找水，一个满腹狐疑地等在沙漠中。他不时看表，按时鸣枪，但他根本就不相信除了自己还会有人听到枪声。于是，他变得更加恐惧，认为同伴可能已找水失败，中途渴死了。不久，他又觉得同伴找到了水，但是弃他而去了，不可能回来了。

到应该击发第五枪的时刻到了，这人悲愤地想：这是最后一颗子弹了，同伴早就已经听不到我的枪声了，等到这颗子弹用过了，我还可以依靠什么呢？这时候就只能等死了。而在一息尚存的时候，秃鹰会啄瞎我的眼睛，那该有多么的痛苦啊，与其这么痛苦倒不如自行了断……他把枪口对准自己的脑门，扣动了扳机。

那位提着满壶清水的同伴领着一队骆驼商听到枪声后，依照枪声的方向，他们所找到的是一具尸体。

故事微语

面对挫折和险阻，最可怕的是意志和信念的崩溃，是怯懦的不敢于面对的勇气和信心。如果没有战胜怯懦的勇气，怎么能听到胜利的宣言？刚毅的性格和懦弱的性格之间的差别并没有多大，刚毅的人不是没有怯懦，而是他们可以战胜自己的怯懦。

一个人如果可以在任何情况下都能战胜自己的怯懦，可以勇敢地面对人生，无论遭遇任何可怕的事情，依然保持乐观、豁达，保持不屈的奋斗精神，他就是生活中的强者。他是不可能被任何事情打败的。

心灵箴言

一颗高尚的心应当承受灾祸而不是躲避灾祸，因为承受灾祸显示了意志的高尚，而躲避灾祸显示了内心的怯懦。

——[意] 阿雷蒂诺

当一个人镇定地承受着一个又一个重大不幸时，他灵魂的美就闪耀出来。这并不是因为他对此没有感觉，而是因为他是一个具有高尚和英雄性格的人。

——[希腊] 亚里士多德

苦难有如乌云，远望去但见墨黑一片，然而身临其下时不过是灰色而已。

——[俄] 里希特

勇敢者坚信爱拼才会赢

故事话题

汤姆·登步希生下来的时候，仅有半只脚和一只畸形的右手。她的父母不让他因为自己的残疾而感到不安。所以任何男孩能做的事他也可以做到，如果童子军团行军 5 公里，汤姆也同样不会差 1 米的走完全程。

后来他学习踢橄榄球，他发现，他能把球踢很远，甚至比任何在一起玩的男孩子都远。他找人帮他专门设计一只鞋子，参加了踢球测验，并且得到了冲锋队的一份合约。但是教练却婉转地拒绝了他，说他“不具有做职业橄榄球员的条件”，想让他去试试其他的事业。最后他申请加入新奥尔良圣徒球队，请求给他一次机会。教练虽然心存疑虑，但是看到这个男孩这么自信，于是对他产生了好感，因此就收了他。两个星期之后，教练对他更有好感了，因为他在一次友谊赛中踢出了 55 码远的得分。这使他获得了为圣徒队踢球的工作机会，而且他在那一季中为圣徒球队踢得了 99 分。

那是在比赛最关键、也是最紧张的时刻，球场上坐满了 6.6 万名球

迷。球是在28码线上，比赛仅剩下了几秒钟，球队把球推进到45码线上，但是可以说根本就没有时间了。当汤姆进场的时候，他知道他的队距离得分线有55码远，是由巴第摩尔雄马队毕特•瑞奇踢出来的。但是，登步希心里认为他可以踢出那么远，而且是完全有可能的，他这么想着，加上教练又在场外为他加油，于是他为比赛拼了。

正好，传球接得特别好，登步希奋力一脚踢在球上，球笔直地前进。6.6 万名球迷屏住气看着，接着终端得分线上的裁判举起了双手，表示得了 3 分，球在球门横杆之上几英寸的地方越过，汤姆的队伍以 19：17 获胜。球迷疯狂的大叫起来 -- 为踢得最远的一球而兴奋，而这又是只有半只脚和一只畸形的手的球员踢出来的！

“真是难以相信！”有人大声叫，但是登步希只是微笑。登步希之所以创造出这么了不起的成绩，就像他自己说的：“他们从来没有告诉我，我有什么不能做的。”

故事解析

永远也不要消极地认定什么事情是不可能的，勇敢者坚信爱拼才会赢。人不是生来就被打败的。成功的人一定付出很多，世界上绝对没有白来的成功！成功其实就是付出。只有脚踏实地地付出，才能获得真正的成功。

爱拼才会赢，这不仅仅是一句宣言，而且是一种端正的态度。有什么样的态度，就有什么样的未来。爱拼才会赢，是一种动力，是一种无畏。我们不惧怕疼痛，我们不怕前方的困难。即使前方雷电交加，我们也要无畏，微笑地走下去。因为在世界上，只有无畏者才可以到达成功的彼岸。

故事穿越

1992年，景小空、龚万琼夫妻所在的工厂开始走下坡路，他们决定从新为自己拼出一片新天地。

1992年10月，景小空揣着辛苦赚来的50元生活费，匆匆赶往四川省新津县“鹌鹑养殖大户”蔡保成家里，他希望可以从蔡保成那里学到鹌鹑养殖技术。蔡保成慷慨地赊给他200只种蛋。于是，景小空辗转搭车往回赶，几百里的路上，景小空没敢有丝毫的闪失。

谁知，在孵化第二批鹌鹑的时候，却出了问题。孵化鹌鹑每两小时就必须要翻动一次。但因为他睡过头了，一整批种蛋都被烤熟了，而这直接导致了他的经济损失500多元！

景小空不是个轻易服输的人。他总结了养鹌鹑的经验教训，决定改养鸡。1993年8月，他将鹌鹑棚拆掉，改建成了鸡场，他还在新建鸡场门前的木柱子上贴了副对联，是景小空亲手写的：“人生没有平坦路，拼搏才会有收获。”尽管不怎么押韵，但却表达了他的心声。

养鸡的工作要比养鹌鹑顺利多了。他们饲养的蛋鸡很快就由300只增到了500只，又到了1000只，2000只。他们采取鸡生蛋、蛋生鸡的"滚雪球"方法，梯级发展，稳步前进。

1996年，是景小空夫妇俩人在人生中的又一个转折点。

通过几年的努力，景小空的鸡场已经发展成年产值几万元的小型养殖场，他们的银行存款额也有了近10万的数目。

经过几年的实践，景小空对养殖业越来越有信心，他决定再拼一把，他决定投资兴建一个万只鸡场，他说："我要让全县150万人民每个人都有一个我这里的蛋吃！"

要建万只鸡场，景小空预算了一下，投入在30万元左右，而他们的积蓄离这个预算还相去甚远。他又想办法贷了5万元款。最后，在政府和亲戚朋友的帮助下，他终于建起了一座大型养鸡场，他们从北京、西安等地购回了"亚康"："罗曼"良种蛋鸡万余只，当年便获利6万多元。

故事微语

爱拼才会赢，没有无缘无故的成功，也没有无缘无故的失败。因为我们不比谁强多少，也不比谁差多少。人与人，本质来说，差的只有努力而已。世上没有做不到的事，只有不付出努力的人。

你的未来不会在某个地方等你。你的未来需要你自己拼出来。只有努力拼搏，才会创造出成绩，守株待兔终究也会饿死自己。成功者有个共同点，那就是敢于拼搏，懦弱的不敢把想法付诸于行动的人是不可能获得成功的。

心灵箴言

拼着一切代价，奔你的前程。

——[法] 巴尔扎克

当时间的主人，命运的主宰，灵魂的舵手。

——[美] 罗斯福

业精于勤，荒于嬉；行成于思，毁于随。

——韩愈

天才，百分之一是灵感，百分之九十九是汗水。但那百分之一的灵感是最重要的，甚至比那百分之九十九的汗水都要重要。

——[美] 爱迪生

挫折是暂时的，你要打败它

故事话题

在一次火灾中，一个小男孩被烧成重伤，下半身也没有了任何知觉。出院后，他的母亲每天用轮椅推着他到院子里转一转。

有一天，他的母亲推着他到院子里呼吸新鲜空气时有事离开了。迷人的景色让他的心终于醒了过来：我一定要站起来。他奋力推开轮椅，用双肘在草地上匍匐前进，终于，他爬到篱笆墙边，他开始扶着篱笆墙练习行走。

一天天就这么过去了，他的双腿始终软弱地垂着，没有丝毫知觉。但是他不甘心于轮椅上的生活，他握紧拳头一次次地告诉自己：未来的日子里，我一定要战胜挫折，靠自己的双腿来走路。终于，在一个清晨，当他拖着无力的双腿紧扶着篱笆墙练习行走时，一阵钻心的疼痛从下肢传了过来。他马上惊呆了，因为自从烧伤后，他的下半身就失去了所有的知觉。他怀疑这是自己的错觉，于是又试着走了两步，那种疼痛再一次清晰地传了过来，正因为他不懈地努力，他的下肢已开始恢复知觉了，他终于战胜了挫折。

自那以后，他的身体恢复得更快了，终于有一天，他在院子里跑了起来。自此，他的生活与其他的男孩子再也没什么两样，到他读大学时，他甚至还被选进了田径队。

他的名字就是葛林康•汉宁。他曾经跑出了全世界最好的成绩。

故事解析

人与其他动物的根本区别在于：人有理性，有战胜挫折的决心。对每个人来说，人生中都会充满无数的挫折，失败也必定不可避免。但是，当一个人未竭尽全力之前，决不要承认自己会失败。

所有的挫折都不可能是永久的，都会有击败它的方法，而我们需要做的就是想尽办法，然后付之于行动，进而战胜它，做最后的胜利者。一味地逃避困难和挫折，它们也不会消失，反而会成为我们成功的绊脚石。

故事穿越

罗伯特·巴雷尼小时候因病致残，他的母亲的心就像刀绞一样，但她还是强忍住自己的悲痛。因为她认为，孩子现在最需要的是鼓励和帮助，而不是母亲的眼泪。

母亲来到巴雷尼的病床前，温柔地说：“孩子，母亲相信你是个有志气的人，希望你能用自己的双腿，在人生的道路上勇敢地走下去！好巴雷尼，你可以答应母亲吗？”母亲的话，像铁锤一样撞击着巴雷尼的内心，他“哇”地一声，扑到母亲怀里哭了起来。

从那以后，母亲只要一有空，就陪巴雷尼练习走路，做体操，经常会被累得满头大汗。有一次母亲患上了重感冒，她想，作母亲的不单单要言传，还要身教。所以，尽管发着高烧，她还是下床按计划帮助儿子练习走路。黄豆般的汗水从母亲脸上淌下来，她用干毛巾擦擦，咬紧牙，硬是帮儿子完成了当天的锻炼计划。

体育锻炼弥补了因为残疾而给巴雷尼带来的不便。母亲的榜样作用，更是深深教育了巴雷尼，他终于击溃了命运给他的严酷打击。他学习特别刻苦，所以他的成绩一直在班上名列前茅。最后，他以优异的成绩考入了维也纳大学医学院。

大学毕业后，巴雷尼将全部精力放到了耳科神经学的研究上面。最后，他终于登上了诺贝尔生理学和医学奖的领奖台。

故事微语

罗伯特·巴雷尼是个坚强的人，他在母亲的帮助下，战胜了挫折，并最终取得了巨大的成就，是我们大家学习的榜样。

挫折是无处不在，其实挫折本身并不可怕，可怕的是我们降服于挫折、败倒在挫折面前。有不少人会拒绝挫折，然而拒绝挫折是无法构筑人生的丰碑！真正的人生需要经历挫折的考验，如果缺乏正视挫折的勇气和魄力，就无法面对现实，更无法驾驭生活越过急流险滩。

心灵箴言

短时期的挫折比短时间的成功好。

——[希腊] 毕达哥拉斯

只有永远躺在泥坑里的人，才不会再掉进坑里。

——[德] 黑格尔

对勇气的最大考验，就是看一个人能否做到败而不馁。

——[德] 英格索尔

我觉得坦途在前，人又何必因为一点小障碍而不走路呢？

——鲁迅

每一种挫折或不利的突变，是带着同样或较大的有利的种子。

——[美] 爱默生

不怕输的人才能无所畏惧

故事话题

爱迪生在发明电灯的过程中，经历过数不清次数的失败。

有人说他共经历了1200次的失败。于是有人提出了这样的问题：

“爱迪生先生，请问您是如何看待那1200次的失败？”

爱迪生回答说：“不是我失败了1200次，而是我成功地发现了1200种不能做灯泡的材料。”

又有人说他失败的次数不仅仅有1200次，而是1300次。于是又有人提出这样的问题：“爱迪生先生，请问您如何看待那1300次的失败？”□爱迪生回答说：“不是我失败了1300次，而是我发现要成功制造灯泡总共有1301个步骤。”

爱迪生之所以最后能成为伟大的发明家，就在于他的智慧和不怕输的品质。其实，很多事情的结论都取决于我们看待它的视角，如果把失败看作是成功的必行步骤，那么是不是更容易让人坚持下去呢？

故事解析

如果没有失败的衬托与调味，怎么能显示出成功的可贵？如果没有失败的经历，我们怎么会那么珍视成功后的果实？重要的不是“不失败”，而是不要畏惧失败，不因失败而气恼，反而让自己更加坚强，无所畏惧地面对。

贝克特安慰失败的人说：“试过吗？失败过吗？没关系，再试一次，再失败一次，失败得漂亮点。”我们可以用另一种眼光来看待失败。失败，其实只是成功的条件，是通往成功的阶梯。当失败越来越有价值时，那就马上接近成功了。而畏惧失败，想赢怕输，经不起失败考验的人终究也会一事无成。

故事穿越

马歇尔在戴维斯的小店里招待顾客，有一天，他的父亲费尔德先生向店主戴维斯问道：“我的孩子在您的店里学生意，近来有进步吗？”免得你将来难过和后悔，而我又是个爱说实话的老实人。你的孩子的确是个稳重、端庄的好孩子，这不用说，所有的人一看就会知道。但他要是在我这里学生意，恐怕无论如何都不会成为一位出色的商人。他不是一块经商的料，他的脾气性格根本就不适合做生意。我劝你还是把他领回乡下去吧！”

不久以后，马歇尔来到了芝加哥，他亲眼目睹了许多穷孩子因为自己的努力奋斗，一个个都成为了有钱人。这使他不怕输的精神突然被唤醒了，他于是反问自己：“别人能做出惊人的事业来，为什么我不能呢？难道我生来就不如人吗？”

马歇尔很快奋发起来了，他决心按照自己的想法走自己的道路，不怕戴维斯预言的自己在经商上失败。他原有的潜能一下子被激发出来，成了举世闻名的大商人。

故事微语

每个人都蕴藏着巨大的才能，一旦被激发出来，就一定可以获得成功。只有不怕输，不因为别人的否定而轻易地否定自己，才可能会获得成功。一味地因为别人的否定而否定自己，怕失败的人是不可能取得伟大的成就的。

输并不可怕，为了追寻理想，我们心甘情愿地去接受风雨的洗礼，为了实现人生的夙愿，我们无所畏惧地去迎接春风跟朝阳。诚然我们并不坚强的翅膀或许会受伤，但我们依然要不顾一切的飞向远方。让我们携手并肩，用青春描绘出耀眼的风采，用激情谱写出生命的乐章！为了理想，我们无所畏惧，当然不怕输！

心灵箴言

最可怕的敌人，就是没有坚强的信念。

——[法] 罗曼·罗兰

最困难的时候，也就是离成功不远的时候。

——[法] 拿破仑

上天完全是为了坚强你的意志，才在道路上设下重重的障碍。

——[印] 泰戈尔

第五篇

淡看起伏：每粒尘埃都有它的归处

淡定的人固守着自己拥有的幸福，自在地生活，简单地快乐。不以物喜，不以己悲。因为人生的幸福就在于你是否可以察觉得到。一味地追逐别人眼中的幸福，反而会让自己被喜忧影响了心智。

多厚的云都会被阳光穿射

故事话题

一位已经年过90岁的老奶奶，因为子宫癌开过刀，不但失去了子宫，连脊椎也被截去两节。

她每天躺在床上，每天最开心的事情就是读报纸上的讣文，这些乏味而公文格式化的讣文，她却可以读得津津有味，读罢神情愉快。

有一次，一个人看到她如此高兴，便问她："您每天都躺在床上，有什么事情让您这么开心呢？"

她笑着说："每次看到讣文中享寿90岁以下的，我就觉得自己早已够本，为自己感到高兴；每次看到讣文中享寿90岁、100岁以上的，我就觉得来日方长，自己还有这么多的日子可以享受，为自己高兴！"

她真是一位乐观的人，不管所见讣文主角寿命的长短，都可以给自己正面的激励，都能从好的角度去推想。如果这是一位悲观的人，眼光或许完全相反，见到享寿90岁以下的，就悲伤自己是活受罪，到90岁了还不能去死，"赖活"真不如"好死"。见到享寿90岁、100岁的，又伤心自己怎么这么倒霉，才90岁就已经奄奄一息了！

故事解析

每个人的一生多少都有不尽如人意的时候，都会有遭受疼痛的时候，但是，无论多厚的云都会被阳光穿射。我们没必要杞人忧天，更没必要给自己什么不好的心理暗示，反而以积极的心态安慰自己、激励自己，人生才会变得更加精彩。

心情再怎么低落，早晚也会转忧为喜。世界不是静止的，有些事情虽然会让我们难以接受，但是事情不可能永远如此。就像生活于19世纪末的印地安人“响尾蛇”说过的那句很有哲理的话：“天上没有厚得让阳光穿不透的云。”

故事穿越

乌龟的胆小是出了名的，受到了惊吓的时候总是把脑袋缩到身体里面去，而这也总是像石头一样压在它们的心上。

有一次，众多乌龟聚集在一起，为自己的胆小无能而难过，悲叹自己的生活毫无意义，活着真是太没意思了。

乌龟们越谈越伤心，就好像已经有许多不幸发生在自己身上，而这也就是它们之所以成为乌龟的原因。到了这个时候，负面的想像便永无止境地涌现出来。它们埋怨自己天生不幸，既没有力气和翅膀，也没有牙齿，只能在东躲西藏中度过一个个可怕的日子，真想抛弃一切大睡一觉，可是这时候它们又想起大家给它们送的名字“缩头乌龟”。

它们觉得自己的生活毫无意义，这讨论到最后，它们都觉得，与其心惊胆战地度过一生，倒不如一死了之好。

于是，它们一致决定从山崖上跳下去来了结这讨厌的骂名，结束一切烦恼。就这样决定了，于是它们一齐奔向山崖，想要跳崖自尽。这时，一群苍蝇正在晒太阳，听到急促的脚步声，如临大敌，立刻都飞走了。

这是乌龟经常都会看到的情景，但是今天，有一只乌龟突然明白了什么，它大声地说：“快停下来，我们不必吓得去寻死觅活了，你们难道都没有看见，还有比我们更胆小的动物呢！”

这么一说，乌龟们的心情奇妙地豁然开朗起来了，于是它们欢天喜地回家去了。

故事微语

不要因为我们现在的遭遇而埋怨命运的不公。实际上，世界上比我们更不幸的人有太多太多，他们当中不是也有很多人勇敢地面对这些，而且过得很幸福，取得了很多成绩吗？再厚的云也能被阳光穿射，再大的不幸在很多人看来也不算什么。

我们没必要抱怨命运的不公，也没必要抱怨先天的不足，保持良好的心态，乐观而踏踏实实地生活才是我们最需要做的，而那些不好的情绪不仅对我们毫无益处，反而会害了我们。

心灵箴言

最惨的破产就是丧失自己的热情。

——[英] 阿诺德

世界如一面镜子：皱眉视之，它也皱眉看你；笑着对它，它也笑着看你。

——[英] 塞缪尔

态度决定成败，无论情况好坏，都要抱着积极的态度，莫让沮丧取代热心。生命可以价值极高，也可以一无是处，随你怎么去选择。

——[英] 吉格斯

人生淡如菊，花谢花开亦从容

故事话题

有个男孩失恋了便跑到河边自杀，幸运的是他被路过的老人救了下来。老人见男孩年纪轻轻就想不开，自然也已经猜到了其中的缘由，不免觉得非常惋惜，于是不住地摇头。

男孩见状就好奇地问：“您为什么一直不停地摇头呢？”老人故作哀伤地说：“我刚才途经一处豪宅，捡到一件非常漂亮的衣服，于是我便高高兴兴地披在了身上。不想走了没有多大一会儿，便有人追上来要回了那件衣服，这让我烦恼得很，与对方争执不下，最后还被打了一顿。”

男孩诧异地说：“老人家难道想白拿别人的东西吗？这衣服原本就不是你的，被人要回了也很正常，你完全没必要与人纠缠呢？这才是自讨苦吃。”男孩的话说得毫不客气，但老人并不生气，反而笑着说：“这就是了，你为何又不愿放弃不属于自己的东西呢？明知这感情已经不属于自己了，为何还要苦苦纠缠，甚至用死来表达不满，让自己难受呢？”男孩这才明白了老人家的深意，心情豁然开朗起来。

故事解析

亦舒说：“失去的东西，其实从未真正属于你，也不必惋惜。”做人当淡定从容一点，不要为那些已经失去和得不到的东西难过，不要为那些不属于自己的东西而费尽心力。执着于不属于自己的幸福，反而只会让那些属于自己的幸福也一同错过。

幸福就是把握好现在，珍惜已经拥有的东西，而不是错误地追求不属于自己的东西。人生淡如菊，应该从容地面对我们人生中所发生的一切，如果你错误地将已经失去了的、不属于自己的幸福当成了悲伤的理由，久久不能释怀，那么你必然不会幸福。我们要看淡人生，从容地面对已经发生的一切。

故事穿越

有一个英国企业家坐在加勒比海边一个小渔村的码头上。看着一个加勒比渔民划着一艘小船靠岸。小船上有好几尾大鱼，这个英国企业家对加勒比渔民能抓这么高档的鱼恭维了一番，还问要多少时间才能抓这么多？

加勒比渔民说，才一会儿功夫就抓到了。英国人再问，你为甚么不待久一点，好多抓一些鱼？

加勒比渔民觉得不以为然：“这些鱼已经足够我一家人生活所需啦！”

英国人又问：“那么你一天剩下那么多时间都在干什么？”

加勒比渔民解释：“我呀，我每天睡到自然醒，然后便出海抓鱼，抓几条后就去把鱼卖了，回来后跟孩子们一起玩，再睡个午觉，黄昏时到村口的哥们家里喝点小酒，然后大家一起玩玩吉他，我的日子可过得充实又忙碌呢！”

英国人不以为然，帮他出主意。

他说：“我是英国剑桥大学企管硕士，我倒是可以帮你忙！你应该每天花更多的时间去抓鱼，到时候你就有钱去买条大一点的船。这样你就可以抓更多鱼，再买更多的渔船。然后你就可以雇佣一个渔船队。到时候你就没必要把鱼卖给鱼贩子，而是直接卖给加工厂。然后你自已开一家罐头加工厂。这样的话，你就可以控制整个生产、加工处理和行销。然后你可以离开这个小渔村，搬到更大的城市去，在那里经营你不断扩充的企业。”

加勒比渔民问：“这要用多少时间呢？”

英国人回答：“15 到 20 年。”

“然后呢?”

英国人大笑着说:“然后你就可以拥有很多的佣人来伺候你。时机一到,你就可以宣布股票上市,把你的公司股份卖给投资者。这时候你就发啦!你就可以坐在家里数钱!”

“然后呢?”

英国人说:“到这个时候你就可以退休啦!你可以搬到海边的小渔村去住。每天睡到自然醒,出海随便抓几条鱼,然后就去把鱼卖了,回来后跟孩子们一起玩,再睡个午觉,黄昏时到村口的哥们家里喝点小酒,然后大家一起玩玩吉他。”

加勒比渔民疑惑地说:“我现在不就是这样了吗?”

故事微语

生命本来不是一场比赛，而是一次旅程，我们没有必要把生命的节奏把握得过快，人生平平淡淡才是真，过得从容、洒脱一点才是理智的，安然的，快乐的，幸福的，这样的人才有从容地赢得人生的大境界。

人生的点点滴滴，都始于平淡，终于平淡。平淡才是生活的真谛。人淡如菊，就是一种丰富的精神安静。具有这种品格的人，可以静看潮起潮落，花开花谢。不为世事烦恼所忧伤，不为人情世故而烦恼，这样的人才算是活出了人生的大境界。

心灵箴言

采菊东篱下，悠然见南山。

——陶渊明

明月松间照，清泉石上流。

——王维

非淡泊无以明志，非宁静无以致远。

——诸葛亮

学会换个角度欣赏这个世界

故事话题

一次，佩特森市的机械服务公司发生了不锈钢U型螺栓短缺的问题，因为它的供应商--位于哈肯萨克市的法斯艾尔公司不能及时供货。但基斯·格里夫斯，法斯艾尔公司的一名员工，却认为这是一个令人振奋的好消息，因为这可给了他一个崭露头角的机会。

次日凌晨2点，基斯·格里夫斯驾车赶往位于斯克兰顿市的轮轴中心，早上6：30的时候，他运回了急需的不锈钢U型螺栓。这一举动让着急等待的客户喜出望外，接下来又促成了很多其他的生意。自那以后，机械服务公司便成为了法斯艾尔公司的忠诚客户。

来喏食品公司是位于伯灵顿市的一家企业，几年前，一家为本·杰瑞斯公司供应干面团制作巧克力甜酥饼的公司，因为业务量急剧下滑，有1/4的员工被列入了裁员计划。一群员工自发组织起来，开始寻找扭转危局的办法。最后，他们终于想出了一个方案，召集员工志愿到那些需要临时工的本地公司去打工，并从中领取相应薪金。

公司同意了这个方案，决定保留志愿者们的劳动关系和福利待遇，并为那些在临时工作岗位上领取较低薪金的人补发差额。这样一来，就没有人被解雇了。公司人力资源主管马林·戴利觉得员工们的这一举动“在一个可能发生灾难性后果的时刻，真正起了作用……他将公司所有的成员凝聚成了一个坚强的团队。”

故事解析

如果你在工作中遭遇到了麻烦，不要把它当成是坏事，或者立刻把它推给上司或其他同事去解决。冷静地对这个麻烦作一个具有前瞻性的预测，看前景会向好的方向发展还是坏的方向发展。然后，开动脑筋思考想一下，如何才能把这个麻烦转变成一个积极的机会。换个角度想问题，你或许会得到意想不到的收获。

阿尔弗雷德·安德尔是一位伟大的心理学家，他通过深入研究人类行为和人类潜能后说："人类的一个最奇妙特征，就是具有把负变正的能力。"

故事穿越

故事一：

一个女士去投河自尽，被正在河中划船的老渔夫救上船。

渔夫问：“你年纪轻轻的，为何寻此短见？”

女士哭诉道：“我结婚两年，老公遗弃了我，接着孩子又不幸病死。你说，我活着还有什么乐趣？”

渔夫又问：“两年前你是怎么过的？”

女士说：“那时候我无忧无虑，每天都活得非常开心。”

“那时你有老公和孩子吗？”

“没有。”

“那么，你不过是被命运之船送回到了两年前。现在你又可以无忧无虑，每天都活得非常开心了。”

女士听了渔夫的话，心里顿时产生了生活下去的勇气，便告别渔夫，高高兴兴地跳上了对岸。

故事二：

有位老爷爷有两个儿子，大儿子开了一家伞店，成为了伞店老板，小儿子当了染坊的主人。于是老爷爷整天忧心忡忡。逢上晴天，他生怕伞店的雨伞卖不出去；逢上雨天，他生怕小儿子染出的布晾不干。天天为儿子担忧，日子过得很忧郁，久而久之，愁出了一身的毛病。后来一位智者告诉他：“老爷爷，你真是好福气！下雨天，你大儿子家顾客盈门，大晴天，你小儿子家生意兴隆，哪一天你都有好消息啊！”老爷爷一想，果真有道理，怎么我从前就没想到这个理儿呢？

事情就这么简单，同样的天气，同样的生意，老爷爷只是换了个角度来看这个问题，忧愁不翼而飞，身上的病也就不治而愈了。

故事微语

故事一告诉我们换个角度看问题，或许问题没有我们想象的那么糟糕。只是我们内心的恐惧和害怕失去的感觉让我们对未来充满恐惧担忧，感到生活没什么乐趣。只要把问题换个角度，或许就会豁然开朗。

故事二告诉我们可以让我们高兴的事情，却因为一个错误的角度而导致了错误的心情，只要调整好角度，忧愁也就不翼而飞。很多事情都有两面性，这需要我们全面地来看待，不能因为错误的角度而破坏自己的幸福感。换个角度来看这个世界，或许你会发现这世界变得更美好。

心灵箴言

横看成岭侧成峰，远近高低各不同。

——苏轼

一千个观众眼里就有一千个哈姆雷特。

——[俄] 别林斯基

有时需要离开常走的大道，潜入森林，你就肯定会发现前所未见的东西。

——[美] 贝尔

想开点，厄运的背后是幸运

故事话题

一个兵荒马乱的战争年代，一个读书人在翻越一座山时不幸遭遇了一个拦路抢劫的土匪。读书人立即逃跑，在走投无路之时钻进了一个山洞里，土匪跟着也追进了山洞里。

在山洞的深处，读书人被土匪逮住了，遭到一顿毒打，身上所有的钱财以及一把准备夜间照明用的火把，都被土匪抢掠去了。

所幸土匪并没有杀害他，两个人各自寻找山洞的出口。这个山洞特别深特别黑，而且洞中有洞，纵横交错。两个人在洞内摸索，就像置身于一个地下迷宫。土匪拿着从读书人那里抢来的火把，借着火把的亮光在洞中行走。火把给他的行动带来了很大的便利，他可以探清脚下的石块，并可以看清周围的石壁，因而不会碰壁也不可能被石块绊倒。但是他走来走去怎么也走不出这个洞，最后力竭饥饿而死。

读书人在失去了火把之后，没有照明，行动也变得十分艰辛。他时而碰壁，时而被石块绊倒，跌得鼻青脸肿。然而，正因为没有火把，他才置身于一片黑暗之中，这样一来，他就可以敏锐地感受到洞口透进来的微光，最终逃出了山洞。

故事解析

读书人在火把被土匪抢掠去后，反而凭借洞口透出的微弱的光逃离了山洞。生命的厄运中，能否走出黑暗的关键并不是在于否拥有火把，而在于一个人的人生态度和他的信念。“山重水复疑无路，柳暗花明又一村。”现实生活中不乏绝处逢生的例子。

俗话说：“大难不死，必有后福”，“至之死地而后生”。我们人生中难免会遇到厄运，但是谁能知道厄运的背后是不是幸运，或许幸运此时就正躲在厄运身后，让我们在困难中看到曙光，帮我们渡过难关。

故事穿越

古时候，在靠近长城一带居住的人中，有一位擅长推测吉凶、掌握术数的老人家。

一次，他的马无缘无故跑到了胡人的住地。人们都以为他丢失了良马，于是纷纷来宽慰他，老人却说：“这怎么就不是一件好事呢？”过了几个月，老人丢失的马带着胡人的一匹良马回来了。人们都前来祝贺他，这人却又说：“这怎么就不会是一件坏事呢？”

算卦人的儿子特别喜欢骑马，结果在骑马的时候，一不小心从马上掉下来摔断了大腿。人们都纷纷前来安慰他，他却说：“这怎么就不是一件好事呢？”

过了一年，胡人大举入侵边塞，朝廷开始征兵，所有的壮年男子都拿起弓箭去边塞参加战争。他们中的大部分人都死了，唯独他的儿子因为腿瘸的原因而免于征战，父子俩得以互相保全。

故事微语

老人在丢马后没有悲伤，几个月后这匹马反而带来了一匹新马。儿子骑马摔断腿，老人不以为是坏事，在战争中因为瘸腿而免于征战，反而得以保全。我们的人生在很多时候不也正是如此吗？再糟糕的事情背后或许也隐藏着幸运。所以我们没必要因为厄运而苦恼，把事情看淡，把得失看淡，人生的负担也会不断加重。

生活的每一刻都是变动的，如果人心也随之而动，那么人活着岂不是很累？为什么不试着让心安静下来，不惧怕厄运，坦然面对呢？

心灵箴言

祸兮，福之所倚；福兮，祸之所伏。

——老子

欲思其利，必虑其害；欲思其成，必虑其败。

——诸葛亮

是亦彼也，彼亦是也，彼亦一是非，此亦一是非。

——谚语

保持平常心，不被喜忧影响心智

故事话题

有这样一则故事在网络上流传特别广，感动了无数备感无奈、被生活所迫，却不得不前行的年轻人。

她是一个女孩，在公司里，她充当的是便利贴一样的角色，人人都可以随时随地的将它撕下来用，用完就会被随手丢到一旁，那样默默无闻，那样微不足道，那样无足轻重，但她却有个超级好心态。她说：这样最好，能者多劳。

朋友们搞聚会，她被拉去凑数，成为一个可有可无的陪客，但她却这样安慰自己：这样最好，人缘好，又可以吃得饱。

她的存款不多，银行卡上的数字连一个车轱辘都买不起，但她笑着说：这样最好，不怕金融海啸。

她男朋友的车子没人家好，有时候甚至还抛锚，但这时候她却说：这样最好，一起散步回家，感情更好。

故事解析

幸福是什么？幸福是靠自己感受的，不是靠别人描绘的。所以有人说：如果我们只追求幸福也就罢了，但我们容易犯的一个错误是想去追求比别人更幸福。保持好平常心，不因为别人的评价而干扰了自己的心智，才是真的幸福。

很多人都这样感慨过：“生活实在太无奈了！”也有人会这样抱怨：“幸福为什么不肯眷顾我？”还有人这样期盼：“美好的生活请快点来到吧！”可是，你是否想过自己想要的幸福是否真的是自己需要的幸福？或许当你保持平常心的时候，幸福就会与你不期而遇。

故事穿越

富人的庭院里失了火，不仅房子严重损坏，连财物也几乎在大火中全部化为了灰烬。等大火被扑灭之后，全家人都绝望地望着几乎半是废墟的房子，脸上充满了不知所措的哀伤。可是富人却似乎不怎么难过，火一扑灭，他就跑去别苑休息了。

家人被富人漠不关心的态度惹恼了，这可是他奋斗一生而得来的所有资产啊！如今几乎毁于一旦，他竟然还像什么都没有发生过一样去睡觉，很担心他是不是被灾祸吓乱了心智，于是便试探地问富人：“大火烧光了我们的财产，你怎么还能睡得这般开心安稳？你伤心难过的话就不要藏在心里，说出来或许会好受些。”

富人悠然地伸了个懒腰，漫不经心地说：“事情都已经发生了，哭着笑着的结果都是一样的，何必太过计较呢？钱财是我辛苦赚来的，没了必然会心疼，但我也知道，我还能再赚回来。既然再怎么伤心，钱财也不可能变回来，不如安定心神，休养生息，尽早开始筹建新的生意。”

故事微语

荷兰的阿姆斯特丹的一座古老的寺院里，一直矗立着一块石碑，上面刻着这样一句话："既已成事实，只能如此。"生活不可能不会出现任何差错，当生活和我们开玩笑的时候，或许会让我们无所适从，但是木已成舟，不可更改，倒不妨试着去接受这个已成的现实。人生尽管有很多无奈，但是生活不会因为你的无奈而停止不前。原先的那一条路既然已经被堵死了，那么就应该及时改变自己的路线，在其他的一条路上继续前进，而不是坐在闭塞的原路上兀自烦恼。

我们应该懂得顺应生活，懂得保持平常心，不被喜忧扰了心智，这样才能如鱼得水般地生活。人生在世，既要有勇气去改变那些可以改变的事情，也要有勇气去接受那些不可改变的事实。内心充满阳光的人，他们可以适应最残酷、最无奈的生活环境，即使在逆境中也能寻找到生活的乐趣。因为接受不幸往往是通往幸福的第一步路。

心灵箴言

人，只要有一种信念，有所追求，什么艰苦都能忍受，什么环境也都能适应。

——丁玲

宠辱不惊，看庭前花开花落；去留无意，望天上云卷云舒。

——陈继儒

静以修身，俭以养德，非淡泊无以明志，非宁静无以致远。

——诸葛亮

心灵榜样微史话

克里斯蒂娜

克里斯蒂娜·费尔南德斯·基什内尔，阿根廷律师、政治家，现任阿根廷总统，就任前为阿根廷第一夫人。克里斯蒂娜的丈夫为已去世的阿根廷前总统、南美洲国家联盟首任秘书长内斯托尔·卡洛斯·基什内尔。

克里斯蒂娜是阿根廷继伊莎贝尔·庇隆之后的第二位女性总统，也是阿根廷第一位由民主选举产生的女总统。克里斯蒂娜也是南美地区的第二位女总统，现任智利总统巴切莱特是第一位南美洲女性总统。2011年10月23日，克里斯蒂娜以绝对优势获胜，赢得连任。

她在竞选总统的时候，反对者因为她服饰奢侈、爱美而遭到质疑，并在最后总结说，这样一个华而不实的女人是不可以成为阿根廷的总统的。此时她对选民说，是的，他们说的都是事实。可是，爱美有什么错？只有爱自己，才能爱别人，爱祖国，爱人民。难道大家希望选一个邋遢的人做总统吗？

赫伯特·胡佛

赫伯特·克拉克·胡佛是美国第31任总统。赫伯特·克拉克·胡佛生于爱荷华州，毕业于斯坦福大学，作为一个采矿工程师。

1897年，胡佛与罗·亨利结婚。亨利受过良好的教育，婚后成为胡佛的贤内助。他们有两个儿子。当年胡佛为一家公司所雇用去了澳大利亚，后来到中国曾在河北煤矿任职，在一家私人企业公司工作，作为中国主要的工程师。他在1953年被任命为艾森豪威尔总统的委托主席。

他面对大家对他所产生的争议说：“我清楚地知道我将遇到最尖锐的批评。尽管这样，我仍决定走上从政之路。所以，当我碰到尖刻的批评时一点也不感到惊讶。我早已预料会有这种事，果真不假。这样，我可以平静地面对批评。”

马友友

马友友，大提琴演奏家，在法国出生的华裔美国人，曾获得多座格莱美奖。马友友为多部电影音乐配乐，其中包括布莱德·彼特主演的电影《西藏七年》，李安导演的《卧虎藏龙》。

马友友曾与美国前国务卿康多莉扎·莱丝共同演出二重奏。1976 年马友友于美国哈佛大学毕业，并取得人类学学士学位。1991 年，哈佛大学授予他荣誉博士学位。

马友友敢于做自己的主人，背弃了父母为自己设计好了的人生路线：做一位出色的经济人，最终在自己喜欢的音乐上取得了巨大成就，与德国总理默克尔、美国前总统老布什、“股神”巴菲特一起，接受了由美国总统奥巴马亲自颁发的总统自由勋章。

当晚，马友友感慨地说：“自己的人生只有一个主人，那就是我们自己，行走在自己铺设的人生轨迹上，一定是最开心最能取得成就的！”

赖东进

赖东进，台湾省台中乌日乡前竹村人，祖父母为佃农。其父在 22 岁时因患眼病失明，靠乞讨为生，从此沦为乞丐。37 岁时，捡到一 18 岁的重度智障流浪女，收养并与之结合，生下赖东进等姐弟 12 人。他曾是一个被人嘲笑的小乞丐，父亲是盲人，母亲与大弟精神异常又重度智障，一家 14 口曾全靠他乞讨为生。他在坟墓地里、猪圈中睡了 20 年，忍受了 20 年的讥讽、耻笑与鄙视，凭着一股“不服输”的意志，从小努力学习并拼命工作，养活一家人。凭着自己的努力，他进入台湾中美防火公司工作，现任厂长兼生产部经理。

1999 年，他光荣当选为“台湾第 37 届十大杰出青年”；2000 年，他将个人经历写成小说发表，即《乞丐囝仔》。他已向世人证明，乞丐也有出人头地的一天！

玛格丽特·米切尔

玛格丽特·米切尔（Margaret Mitchell），美国现代著名女作家，曾获文学博士学位，担任过《亚特兰大新闻报》的记者。1937 年她获得普利策奖。1939 年获纽约南方协会金质奖章。她的作品《飘》奠定了她在世界文学史中不可动摇的地位。

1900 年，玛格丽特·米切尔出生于美国南部的新生代城市亚特兰大，三四岁时，她就喜欢听关于亚特兰大历史的故事。她的外祖母时常坐在房前的门廊上，给坐在自己膝上的小玛格丽特指点着一条一直穿过后院的南部同盟的战壕。

但是，玛格丽特·米切尔最开始的愿望是成为一名钢琴家，但是当发现自己并不适合这个角色后，毅然决定根据自己的特点，从新为自己选择一条合适的路，并最终取得成功。

张海迪

张海迪，汉族，山东省文登市人，中国著名残疾人作家，哲学硕士，英国约克大学荣誉博士。

1983 年 3 月 7 日，团中央举行命名表彰大会，授予张海迪“优秀共青团员”荣称号，并作出向她学习的决定。1960 年张海迪 5 岁时因患脊髓血管瘤导致高位截瘫，自学完成了小学、中学和大学的学习，并学习针灸，在当地行医。1982 年 7 月 23 日同王佐良结婚。1983 年中国共产党决定将张海迪树立为宣传偶像。

张海迪得到了两个赞誉：一个是“八十年代新雷锋”，一个是“当代保尔”。张海迪历任第九、十届全国政协委员。2008 年 11 月当选中国残联第五届主席团主席，2013 年 9 月 19 日选举连任中国残联第六届主席团主席。

张海迪不仅自己热爱生活，精心地过好每一天。还劝别人热爱生活，在广大青少年中取得了广泛的影响。

黄霸

黄霸，前 130—前 51，是中国西汉时有名大臣。字次公，淮阳阳夏。生活于汉武帝、汉昭帝和汉宣帝时代。因为通晓文法、明察秋毫、为官清廉、文治有方，性情又温良懂得谦让，为政外宽内明，力劝耕桑，推行教化，治为当时第一。

先后任河南太守丞、廷尉、杨州刺史、颍川太守等职，公元 55 年，汉宣帝任命黄霸代丙吉为丞相，并封为建成侯，总揽朝纲社稷。后世将他与龚遂作为“循吏”的代表，称为“龚黄”。

黄霸曾因一场冤案而入狱，但他生性乐观，在狱中，不仅没有颓废，反而勤于读书，活在当下。最终在出狱后，取得了一系列成绩。

林肯

亚伯拉罕·林肯，美国政治家、思想家。第 16 任美国总统，其任总统期间，美国爆发内战，史称南北战争，林肯坚决反对国家分裂。他废除了叛乱各州的奴隶制度，颁布了《宅地法》《解放黑人奴隶宣言》。但南北战争之后北方有几个支持联邦政府的州却仍被林肯允许可继续保有奴隶制度。林肯击败了南方分离势力，维护了美利坚联邦及其领土上不分人种、人人生而平等的权利。内战结束后不久，林肯遇刺身亡，是第一个遭遇刺杀的美国总统，也是首位共和党籍总统，曾位列最伟大总统排名第一位。也是当今评出的最有作为的总统之一。

美国线上曾于 2005 年举办票选活动——《最伟大的美国人》，林肯被选为美国最伟大人物中的第二位。说话、办事老实、公正。公众称他为“诚实的老亚伯”和“伟大的解放者”。他说自己永远是鞋匠的儿子。

王羲之

王羲之，303—361，字逸少，汉族，东晋时期著名书法家，有“书圣”之称。祖籍琅琊，后迁会稽山阴，晚年隐居剡县金庭。历任秘书郎、宁远将军、江州刺史，后为会稽内史，领右将军。

王羲之的书法兼善隶、草、楷、行各体，精研体势，心摹手追，广采众长，备精诸体，冶于一炉，摆脱了汉魏笔风，自成一家，影响深远。风格平和自然，笔势委婉含蓄，遒美健秀。代表作《兰亭序》被誉为“天下第一行书”。在书法史上，他与其子王献之合称为“二王”。

王羲之的书法并不是天生就那么好，这和他后天不懈地努力有着必然的关系，他曾经为了从鹅的很多体态姿势上领悟到书法执笔、运笔的道理，而以自己的书法作品换了一群鹅，足以证明他对自己书法下了很多的功夫。

罗伯特·巴拉尼

罗伯特·巴拉尼，1876—1936，是一位奥地利出生的匈牙利裔犹太人，也是一位生理学家。在 1914 年因为对于内耳前庭的生理学与病理学研究，而获得诺贝尔生理学或医学奖。

罗伯特·巴拉尼研究了脑和耳在人体平衡中所起的作用。他设计了一些简单的方法来诊断内耳中用于控制平衡的前庭器官的问题。内耳中的半规管可以通过用冷热水交替冲洗耳部的方法来检测，这种方法被称为巴拉尼热反应。凭借对平衡器官的研究，巴拉尼获得了 1914 年的诺贝尔生理学或医学奖。在他事业的晚期，他还研究了内耳和神经系统是如何协同工作来保持身体平衡和协调的。

罗伯特·巴拉尼是一个残疾人，但他没有因此而颓废，反而坚强地面对，战胜种种挫折，终于成为了举世闻名的人物。

爱迪生

托马斯·阿尔瓦·爱迪生，1847—1931，世界著名的美国发明家、物理学家、企业家，拥有众多知名重要的发明专利，被传媒授予“门洛帕克的奇才”称号！他是人类历史上第一个利用大量生产原则和电气工程研究的实验室来进行从事发明专利而对世界产生重大深远影响的人。

爱迪生拥有超过 2000 项发明，包括对世界极大影响的留声机、电影摄影机、钨丝灯泡等。在美国，爱迪生名下拥有 1093 项专利，而他在美国、英国、法国、德国等地的专利数累计超过 1500 项。

爱迪生是技术历史中著名的天才之一，其中爱迪生的三大发明：留声机、电灯和电力系统、有声电影，丰富和改善了人类的文明生活。

爱迪生的这些的发明都经历过无数次的失败，但他认为失败是成功的步骤，最终成为了举世闻名的大发明家。

霍金

斯蒂芬·霍金出是剑桥大学应用数学及理论物理学系教授，当代最重要的广义相对论和宇宙论家。上世纪 70 年代，他与彭罗斯一道证明了著名的奇性定理，为此他们共同获得了 1988 年的沃尔夫物理奖。他也因此被誉为继爱因斯坦之后，世界上最著名的科学思想家和最杰出的理论物理学家。之后，他还证明了黑洞的面积定理。

心灵修养用语微解

关爱：关心、爱护。用真诚关心爱护别人。关爱社会的公益活动。

抚慰：抚恤、安慰。是帮助别人从错误、忧虑中醒悟过来的意思。

坚信：坚决相信，毫无疑问的意思。近义词：信服、深信 、确信、信任、相信。反义词：疑惑、怀疑。

角度：表示角的大小的量，通常用度或弧度来表示。也可用来比喻看事情的出发点。示例:几个人从几个角度攻击同一主题。

从容：意指人镇定、时间充裕或休息。《楚辞·九章》：“孰知余之从容。”王逸传：“从容，主动也。”《史记·留侯世家》：“良尝闲从容步游下邳圯上。”《史记·淮南衡山列传》：“日夜从容王密谋反事。”

等待：不行动，直到所期望的人或事出现。明·刘基《送医士贾思诚还浙东》诗之二：“还山须种千株杏，等待仙华道士来。”明·刘基《送医士贾思诚还浙东》诗之二：“还山须种千株杏，等待仙华道士来。”沈从文《萧萧》：“这件事情既经说明白，照乡下规矩，倒又像不甚么要紧，只等待处分，大家反而释然了。”柳青《铜墙铁壁》第十五章：“天晴了，山水也落了，部队在等待命令行动。”

善待：友善地对待；好好对待。儒家觉得礼仪的使用是以和为贵的。善待作为儒家仁之讲义之一，在现代社会中仍起着维护人与人之间的关系、促进形成一个温馨和谐的社会的作用。

知足：语出《道德经》。认为“祸莫大于不知足”，不知满足，进而追求，定招灾祸。知其足，不追求，安于所得，无为无德，反而常常满足。知足才能避免灾祸，才能全生保身。俗语：知足者常乐。

怯懦：怯懦通常表现为害怕困难，意志薄弱；害怕挫折，情感脆弱；害怕交际，性格软弱。平时寡言少语，行动拘束，容易逆来顺受和屈从他人，遇事退缩，极其胆小怕事，多一事不如少一事，不愿冒半点风险，遇到困难易惊慌失措，不知如何是好，受到挫折则易自暴自弃，无地自容。

悠然：词语，悠闲的样子。陶潜《饮酒》诗之五：“采菊东篱下，悠然见南山。”唐杜甫《寄贾司马严使君》诗：“故人俱不利，谪宦两悠然。”张居正《送毛青城谪滇南》诗：“浮名看自薄，谪宦转悠然。”叶圣陶《游临潼》：“荷池里只剩荷梗了，几只鸭悠然浮在池面。”

自由：由自己作主；不受限制和拘束。《玉台新咏·古诗》：“吾意久怀忿，汝岂得自由。”袁宏《后汉纪·灵帝纪中》：“今方权宦羣居，同恶如市，上不自由，政出左右。”《北史·尒朱世隆传》：“既总朝政，生杀自由，公行淫泆，信任羣小，随情与夺。”刘商《胡笳十八拍》之七：“寸步东西岂自由，偷生乞死非情愿。”蒲松龄《聊斋志异·巩仙》：“野人之性，视宫殿如藩笼，不如秀才家得自由也。”

勇敢：是人们有勇于敢为人先的精神或气质。敢为人先不是每个人都具有的气质，只有那些有勇气的人，有勇气敢为人先的人才能被称作是勇敢的人。勇敢是个中义词，好人可以勇敢，坏人也是可以勇敢。

现实：现在或现实是质量的即时空间分布。就内涵方面而言：现在或现实是质量的即时空间分布。它的运动相对于无限小时间段而言被视为静止。即现在物或现实物在无限小时间段内只与其质量分布有关，而与其运动无关。即现在或现实只与物有关而与事无关。如果从与精神的关系方面来定义：现在或现实是进入精神记录前的瞬间质量分布。就外延方面而言：现实包含所有的现实物件。现实物件是占空有界，拥量有限的。

博文约礼：出自《论语·雍也》：“君子博学于文，约之以礼，亦可以弗畔矣夫！”指以文献知识广博见解，又以礼制规范约束行为，香港中文大学校训为“博文约礼”

天道酬勤：发自《论语》的“天道”即“天意”“酬”即酬谢，厚报的意思,“勤”即勤奋、敬业的意思，就是说“天意厚报那些勤奋、勤劳的人。”上天会实现勤劳的人的愿望、一人耕耘、一分收获。

知难而上：知难而上一词出自《左传·定公六年》：陈寅：“子立后而行，吾室亦不亡，唯居亦以我为知难而行也。”现作“知难而上”指明知道困难重重却偏要向前走敢于迎着困难而上。指不怕困难，勇往直前的精神。

学无常师：出自《论语·子强》：“夫子焉不学？而亦何常师之有?”“吾皇甫谧《高士传·申屠蟠》：三业先通，因博贯五经，兼明图纬，学无常师。”指学习没有固定的老师，凡有学问的人，有长处的人都是老师。

勇往直前：意为毫无畏惧地一直向前。刘东星《史阁款语》：“动步不敢，见勇往直前者则指为轻进。”《儿女英雄传》第三九回：“子路那副勇往直前的性儿，却又不能体会到此。”茅盾《陀螺》：“丧失了勇往直前生活下去的气概，是人生斗争中的败军心理。”

世上无难事：天下没有难事。出处：宋·陈元靓《事林广记》第九卷：“世上无难事，人心自不坚。”示例：世上无难事，只要肯登攀。